スピード攻略！

1級管工事施工管理技術検定集中レッスン

コンデックス情報研究所　編著

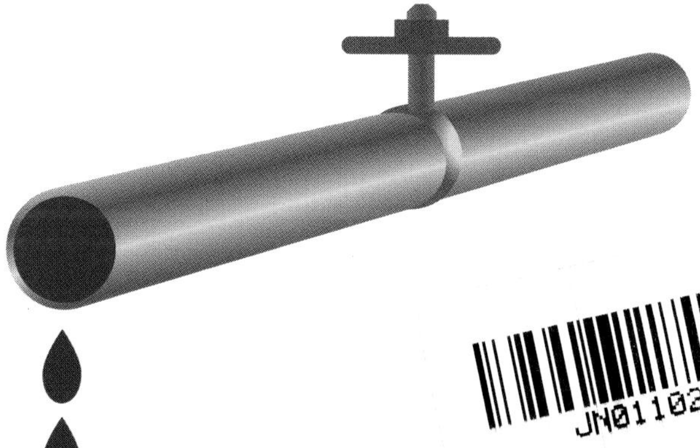

成美堂出版

本書の使い方

本書は、１級管工事施工管理技術検定（第一次検定・第二次検定）の攻略本です。第１部の「ゴロ合わせ編」では、重要事項をゴロ合わせで覚えながら、頻出事項を効率よく学習できます。付属の**赤シート**を使えば、穴埋め問題としても活用できます。
第２部の「過去問編」では、第一次検定のひっかけ問題を、実戦形式で学習できます。

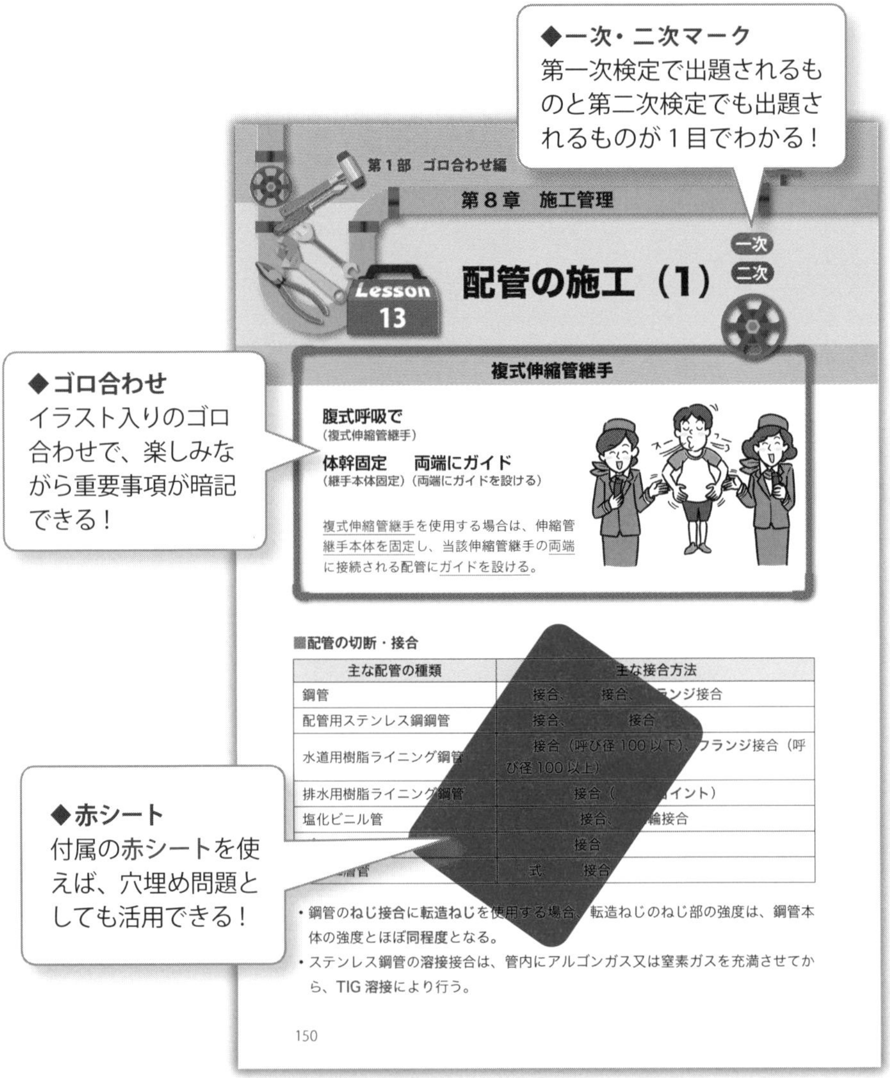

配管の施工（1）

複式伸縮管継手

腹式呼吸で
（複式伸縮管継手）
体幹固定　両端にガイド
（継手本体固定）（両端にガイドを設ける）

複式伸縮管継手を使用する場合は、伸縮管継手本体を固定し、当該伸縮管継手の両端に接続される配管にガイドを設ける。

■配管の切断・接合

主な配管の種類	主な接合方法
鋼管	[redacted]接合、[redacted]接合、[redacted]ランジ接合
配管用ステンレス鋼鋼管	[redacted]接合、[redacted]接合
水道用樹脂ライニング鋼管	[redacted]接合（呼び径 100 以下）、フランジ接合（呼び径 100 以上）
排水用樹脂ライニング鋼管	[redacted]接合（[redacted]イント）
塩化ビニル管	[redacted]接合、[redacted]輪接合
[redacted]	[redacted]接合
[redacted]	[redacted]式[redacted]接合

・鋼管のねじ接合に転造ねじを使用する場合、転造ねじのねじ部の強度は、鋼管本体の強度とほぼ同程度となる。
・ステンレス鋼管の溶接接合は、管内にアルゴンガス又は窒素ガスを充満させてから、TIG 溶接により行う。

150

※本書は、原則として、2024 年１月現在の情報に基づいて編集しています。

◆プラスα
これも大事！な追加の知識も、ここで確認できる！

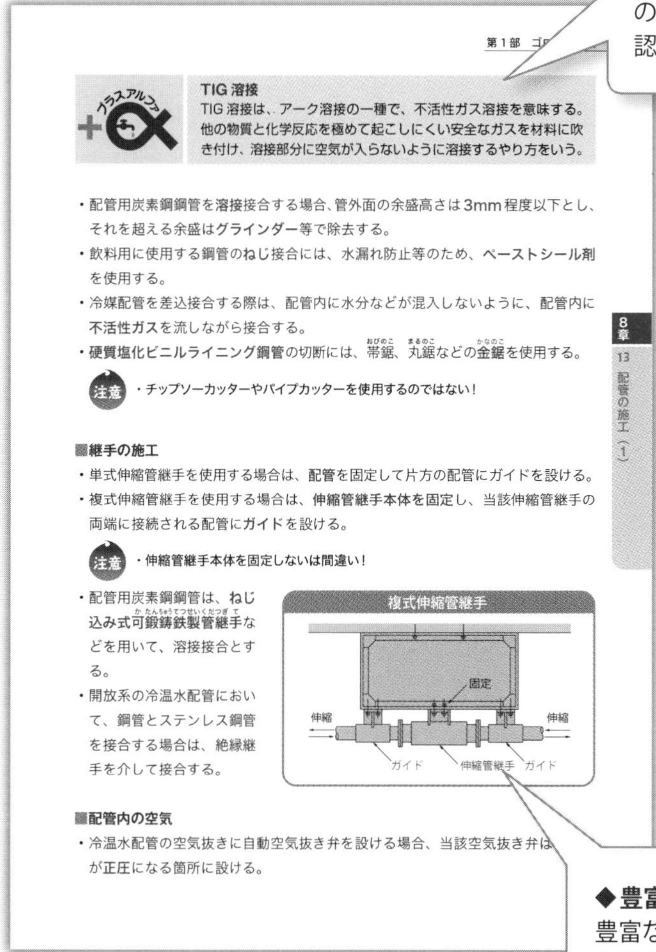

第1部 ゴ

8章
13 配管の施工（1）

プラスアルファ

TIG溶接
TIG溶接は、アーク溶接の一種で、不活性ガス溶接を意味する。他の物質と化学反応を極めて起こしにくい安全なガスを材料に吹き付け、溶接部分に空気が入らないように溶接するやり方をいう。

- 配管用炭素鋼鋼管を**溶接**接合する場合、管外面の余盛高さは**3mm**程度以下とし、それを超える余盛は**グラインダー**等で除去する。
- 飲料用に使用する**鋼管のねじ**接合には、水漏れ防止等のため、**ペーストシール剤**を使用する。
- 冷媒配管を差込接合する際は、配管内に水分などが混入しないように、配管内に**不活性ガス**を流しながら接合する。
- **硬質塩化ビニルライニング鋼管**の切断には、帯鋸《おびのこ》、丸鋸《まるのこ》などの**金鋸《かなのこ》**を使用する。

注意 ・チップソーカッターやパイプカッターを使用するのではない！

■継手の施工
- 単式伸縮管継手を使用する場合は、**配管**を固定して片方の配管にガイドを設ける。
- 複式伸縮管継手を使用する場合は、**伸縮管継手本体を固定**し、当該伸縮管継手の両端に接続される配管に**ガイド**を設ける。

注意 ・伸縮管継手本体を固定しないは間違い！

- 配管用炭素鋼鋼管は、**ねじ込み式可《か》鍛鋳鉄製《たんちゅうてつせい》管継《くだつぎ》手《て》**などを用いて、溶接接合とする。
- 開放系の冷温水配管において、鋼管とステンレス鋼管を接合する場合は、絶縁継手を介して接合する。

複式伸縮管継手

■配管内の空気
- 冷温水配管の空気抜きに自動空気抜き弁を設ける場合、当該空気抜き弁は が正圧になる箇所に設ける。

◆豊富な図版
豊富な図版で、要点を効率的に学習できる！

第2部「過去問編」では、「こんなひっかけ問題に注意！」で、過去問にチャレンジしながら頻出事項を確認できます。

スピード攻略！

1級管工事施工管理技術検定集中レッスン

CONTENTS

第6章　機材・配管（試験科目：機械工学等）

第7章　設計図書（試験科目：機械工学等）

第8章　施工管理（試験科目：施工管理法）

第9章 法規（試験科目：法規）

第2部 過去問編

1級管工事施工管理技術検定

ガイダンス

検定に関する情報は変わることがありますので、受検する場合は試験実施団体の発表する最新情報を、必ずご自身でご確認ください。

■試験日　第一次検定：9月（例年）
第二次検定：12月（例年）

■合格発表日　第一次検定：10月（例年）
第二次検定：翌年3月（例年）

■合格基準　第一次検定：全体の得点が60%かつ施工管理法（応用能力）得点が50%
第二次検定：得点が60%

■試験の内容　第一次検定　マークシート方式
第二次検定　記述式

検定区分	検定科目	検定基準
第一次検定	機械工学等	1. 管工事の施工の管理を適確に行うために必要な機械工学、衛生工学、電気工学、電気通信工学及び建築学に関する一般的な知識を有すること。 2. 管工事の施工の管理を適確に行うために必要な冷暖房、空気調和、給排水、衛生等の設備に関する一般的な知識を有すること。 3. 管工事の施工の管理を適確に行うために必要な設計図書に関する一般的な知識を有すること。
	施工管理法	1. 監理技術者補佐として、管工事の施工の管理を適確に行うために必要な施工計画の作成方法及び工程管理、品質管理、安全管理等工事の施工の管理方法に関する知識を有すること。 2. 監理技術者補佐として、管工事の施工の管理を適確に行うために必要な応用能力を有すること。
	法規	建設工事の施工の管理を適確に行うために必要な法令に関する一般的な知識を有すること。
第二次検定	施工管理法	1. 監理技術者として、管工事の施工の管理を適確に行うために必要な知識を有すること。 2. 監理技術者として、設計図書で要求される設備の性能を確保するために設計図書を正確に理解し、設備の施工図を適正に作成し、及び必要な機材の選定、配置等を適切に行うことができる応用能力を有すること。

※受検資格等、詳細については、試験実施団体が発表する「受検の手引」でご確認ください。

■試験に関する問合せ先
一般財団法人　全国建設研修センター　試験業務局管工事試験部
〒187-8540　東京都小平市喜平町2-1-2
TEL　042（300）6855　　https://www.jctc.jp/exam/kankouji-1/

スピード攻略！
1級管工事施工管理技術検定
集中レッスン

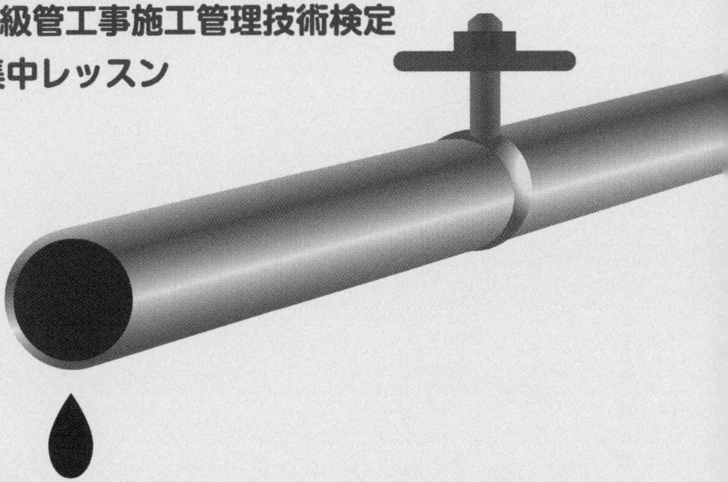

第1部

ゴロ合わせ編

出題数と解答方法

■問題Aでは計33問を解答します。

- 第1章の原論10問、第2章の電気工学2問、第3章の建築学2問は、計14問題の全問題を解答します。内容をしっかり理解していきましょう。
- 第4章の空調設備11問、第5章の衛生設備12問は、計23問題のうちから12問を選択し、解答します。得意分野から、得点できる項目を増やしましょう。
- 第6章の機材・配管5問、第7章の設計図書2問は計7問の全問題を解答します。確実に得点できるよう覚えましょう。

■問題Bでは計27問を解答します。

- 第8章の施工管理法は、前半10問と、後半7問の全17問を解答します。後半7問は、施工管理法の応用能力問題です。四肢二択問題ですが、内容的には本章をしっかり覚えておけば大丈夫です。
- 第9章の法規は、12問題のうちから10問題を選択し、解答します。労働安全衛生法から消防法までは毎年出題されています。

第1章　原論

一次

Lesson 01　日射

天空日射

天空で　散る！
（天空日射）（大気で散乱）

天空日射とは、大気で散乱して地上に到達する日射をいう。

■直達日射と天空日射

・大気を透過して直接地表に到達するのは、**直達日射**である。

注意　・天空日射ではない！

・大気成分により**散乱**、**反射**して天空全方向から届く太陽放射は、**天空日射**である。

直達日射と天空日射

■日射の熱エネルギー

・日射は、波長の長さにより、**可視光線**、**赤外線**、**紫外線**等に分類される。

- 可視光線とは、人間の目に見える波長範囲の電磁波である。
- 赤外線は、可視光線よりも波長が長く、紫外線は可視光線よりも波長が短い。
- 日射の熱エネルギーは、紫外線部よりも**赤外線部**及び**可視線部**に**多く含まれる。**

注意　**・「日射の熱エネルギーは、紫外線部に最も多く含まれる」は間違い！**

日射の電磁波の波長範囲

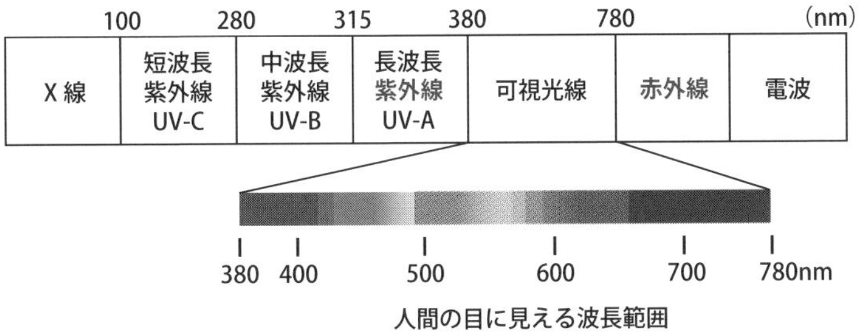

■直達日射量

- ある面の直達日射量は、面に対する日射の入射角が垂直に近いほど**大きく**なる。
- 太陽高度の大きい夏は、建物の垂直南面よりも**水平面**の方が、直達日射量が多くなる。
- 太陽高度の小さい冬は、建物の水平面よりも**垂直南面**の方が、直達日射量が多くなる。

建物外面の受ける直達日射量

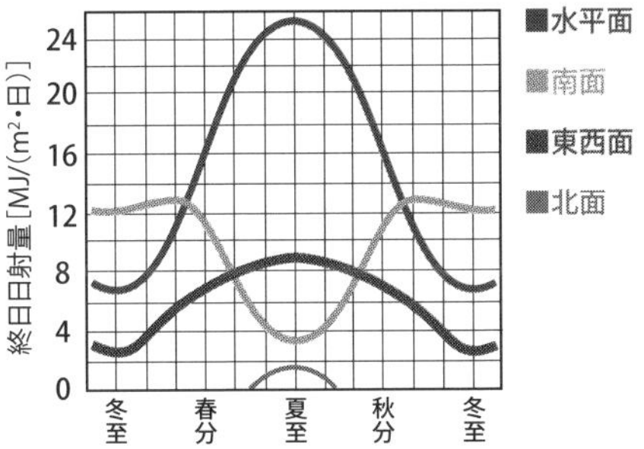

■日射の大気透過率

- 大気中の水蒸気の多い夏よりも、大気中の**水蒸気の少ない冬**の方が、**大気透過率**は**大きく**なる。
- 大気透過率は、大気中に含まれる**二酸化炭素**よりも**水蒸気の量**に影響される。

注意　**・透過率は、二酸化炭素の量に影響されない！**

Lesson 02 温熱環境評価の用語

一次

Met（メット）

ごはんにするから、だめっ！
(58.2)　　　　　　　　（メット（met））

met（メット）は、温熱環境の評価の１つで、人体の代謝量を表し、1met は椅座安静状態の代謝量で単位体表面積［m^2］当たり概ね 58.2W/m^2 である。

■エネルギー代謝率

$$\text{エネルギー代謝率} = \frac{\text{作業時代謝量} - \text{安静時代謝量}}{\text{基礎代謝量}}$$

■ met（メット）

・**人体の代謝量**はメット（met）で表され、1met は椅《い》座《ざ》安静状態の代謝量で単位体表面積［m^2］当たり概ね **58.2**W/m^2 である。

注意 ・100W ではない！

・met は、metabolism（代謝）に由来している。

■ clo（クロ）

・clo（クロ）は、**衣服の断熱性**を示す単位。

・1clo は気温 21℃、相対湿度 50%、気流 5cm/s 以下の室内での体表面からの放散熱量が 1met のエネルギー代謝と平衡するような着衣状態のこと。

・熱抵抗値に換算すると、1clo は約 **0.155**m^2・℃ /W である。

■ PMV（予想平均申告）

・PMV（予想平均申告）とは、人体の熱的中立に近い状態の温冷感を予測する指標。
・大多数の人が感ずる温冷感を**＋３**から**－３**までの数値で示す。
・PMV ＝ 0のとき、熱的平衡状態にあるといい、暑くも寒くもない快適な温冷感。

PMVのスケール

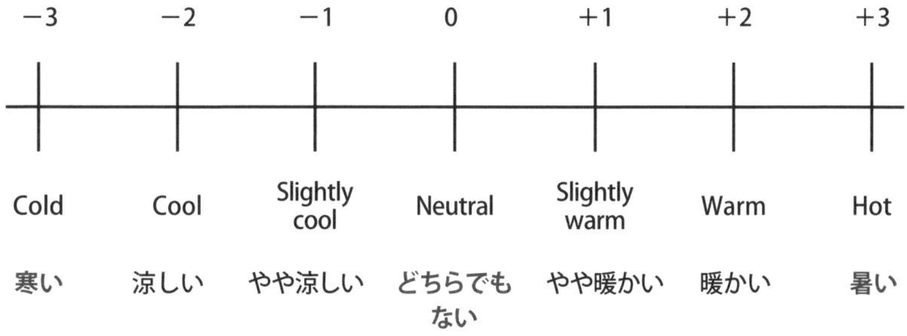

■作用温度（OT）

・人体は周囲空間との間で対流と放射による熱交換を行っており、これと同じ量の熱を交換する**均一温度の閉鎖空間の温度**を作用温度（OT）という。

■新有効温度（ET＊）

・新有効温度（ET＊）は、湿度**50**%を基準とし、気温、湿度、気流、放射温度、代謝量（met）及び着衣量（clo）の6つの要素を総合的に評価した温熱環境指標。

■標準新有効温度（SET＊）

・標準状態において定義された新有効温度のこと。SET＊22.5～25.6℃の温度範囲では、80%以上の人が快適と感じるとされている。

プラスアルファ

PPD（予想不満者率）
PPD（予想不満者率）とは、PMVで求められた環境を不満に感じる人の割合のことである。

一次

Lesson 03 結露

熱貫流抵抗

外？　残念
（外壁）（断熱材）

大きく抵抗よ
（抵抗大きくなる）

外壁に断熱材を用いると、熱貫流抵抗《ねつかんりゅうていこう》が大きくなり、結露が生じにくくなる。

■表面結露

- 壁の**表面**において水蒸気の**凝結**を生じ、水滴となる現象。
- 表面結露を防止するためには、**露点**温度よりも**表面**温度が高くなるようにすればよい。

■内部結露

- 壁体の**内部**に水滴が付着して結露する現象。

■飽和湿り空気

- ある条件の空気が含むことのできる水蒸気の量には**限界**があり、その限界に達したときの空気が**飽和湿り空気**。
- 温度が**高い**空気ほどより多くの水蒸気を含むことができる。

■露点温度

- 湿度の高い空気を**冷却**していくと、空気に含むことができなくなった水蒸気が壁面などに**凝縮**して結露となる。このときの温度が**露点温度**。

結露

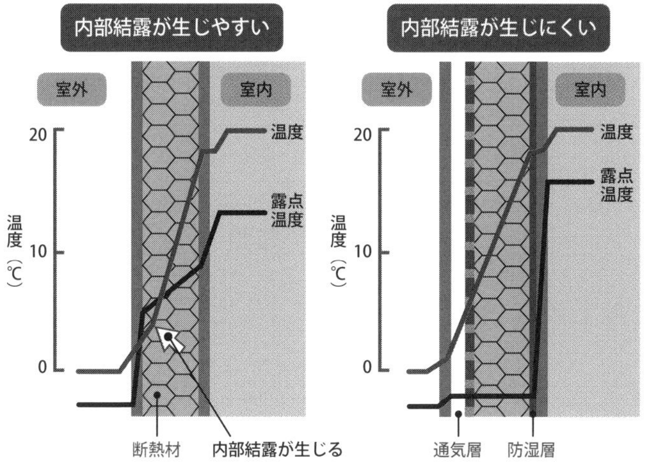

■冬季の結露

・結露防止のため、外壁は熱貫流抵抗を**大きく**して熱通過率を**小さく**するために断熱材を設ける。

注意　**・「外壁に断熱材を用いて熱貫流抵抗を小さくする」は間違い！**

・暖房している室内では、一般的に**床付近**の方が温度が低くなり、天井付近よりも結露を**生じやすい**。

・冬季における窓ガラス表面の結露を防止するために、適切な**室内換気**をして室内空気を流動させる。

・外壁の**室内**側に繊維質の断熱材を設ける場合は、壁体内部の結露を防止するために、断熱材の室内側に**防湿層**《ぼうしつそう》を設ける。

注意　**・「カーテンを掛け、窓ガラスを露出させない」は間違い！**

プラスアルファ

グラスウール等の繊維系断熱材

・グラスウール等の繊維系断熱材を施して内部結露を防止するためには、断熱材の室内側に防湿層を設ける。

一次

Lesson 04 室内の空気環境

規制対象物質

石を　掘るのは
(石綿)(ホルムアルデヒド)

苦労する
(クロルピリホス)

建築基準法上の規制対象物質は、石綿、ホルムアルデヒド、クロルピリホスである。

■室内の空気環境基準

浮《ふ》遊粉《ゆうふん》じんの量	**0.15mg/m³** 以下
一酸化炭素の含有率《がんゆうりつ》	100 万分の 6 以下（＝ **6ppm** 以下）
二酸化炭素の含有率	100 万分の 1,000 以下（＝ 1,000ppm 以下）
温度	・**18℃**以上 **28℃**以下 ・居室における温度を外気の温度より低くする場合は、その差を著しくしないこと。
相対湿度	40%以上 70%以下
気流	0.5m/ 秒以下
ホルムアルデヒドの量	**0.1mg/m³** 以下（＝ 0.08ppm 以下）

■二酸化炭素（CO_2）

- 無色・無臭で空気より**重い**気体。
- 大気中の二酸化炭素の濃度は **0.04%**（**400ppm**）程度、室内環境基準値は **0.1%**（**1,000ppm**）以下。

■一酸化炭素（CO）

- 酸素不足による不完全燃焼により発生する**無色**、**無臭**の人体に**有害**な気体。
- 一酸化炭素の比重は、二酸化炭素や空気より**小さい**。
- 空気中の一酸化炭素濃度が、**0.16%**（**1,600ppm**）になると**20**分程度で頭痛、目まいが生じ、**2%**になると人体に致命的な影響を与える。
- 酸素濃度が**19%**を下回ると、**不完全燃焼**が著しくなり、急速に一酸化炭素が発生し人体に致命的な影響を与える。
- 室内環境基準値は**0.0006%**（**6ppm**）以下。

■揮発性有機化合物（VOCs）

- ホルムアルデヒド、トルエン、キシレン、ベンゼン、フロン類、ジクロロメタン、クロルピリホス等の**揮発性**の高い有機化合物で、室内の塗料や建材に使用された人体に有害な物質。VOCsのいくつかは、**発がん性物質**の可能性が高いとされる。
- 化学物質過敏症、シックハウス症候群等の原因物質である。
- **石綿**、**ホルムアルデヒド**、**クロルピリホス**（シロアリ駆除剤等に使用）が規制対象。
- ホルムアルデヒドの室内濃度指針値は、**0.1**mg/m^3（**0.08ppm**）以下である。
- ホルムアルデヒド濃度が**125**mg/m^3（**100ppm**）程度になると、死に至ることがある。

■浮遊粉じん

- 浮遊粉じんとは、空気中に浮遊する粒径がおおむね**10μm**以下の物質。
- 喫煙や在室者の活動、その衣類の繊維やほこりなどが原因で発生し、その量は空気の乾燥によって**増加**する傾向にある。

注意　**・浮遊粉じんの量は空気の乾燥によって減少しない、増加する！**

- 浮遊粉じんの環境基準値は、重量濃度［mg/m^3］で示される。
- 室内の基準値は空気 $1m^3$ につき **0.15**mg/m^3 **以下**。
- 浮遊粉じんの濃度表示には、一般的に、個数濃度又は質量濃度が使われる。

一次

Lesson 05 排水の水質

BOD

ボディービルダーさん、
（BOD）　（微生物）　（酸素量）

参加して～
（酸化）

BODは、水中に含まれる有機物が微生物により酸化分解されたときに消費する酸素量のこと。

■生物化学的酸素要求量（BOD：Biochemical Oxygen Demand ）

- 河川等の水質汚濁の指標。
- 水中に含まれる有機物が**微生物**により酸化分解されたときに消費する酸素量をいう。単位は［mg/L］。

注意　**・酸化剤で化学的に酸化したときに消費する酸素量ではない！**

- 必要酸素量が多い場合、水中の腐敗性有機物も多いとされ、汚染度が高いと考えられる。

■化学的酸素要求量（COD：Chemical Oxygen Demand）

- 河川等の水質汚濁の指標。
- 主に水中に含まれる有機物を酸化剤で**化学的に酸化**したときに消費される酸素量をいう。単位は［mg/L］。

注意　・微生物によって酸化分解される際に消費する酸素量ではない！

■浮遊物質（SS：Suspended Solids）

・水に溶けない懸濁性の物質のこと。**全蒸発**残留物から**溶解性**残留物を取り除いた物質量。

・水の**汚濁度**を視覚的に判断する指標として使用される。

■ノルマルヘキサン抽出物質含有量

・ノルマルヘキサン抽出物質含有量《ちゅうしゅつぶっしつがんゆうりょう》は、ノルマルヘキサンに可溶性のある油分などのことで、油状物質量を表す。

・油脂類による水質汚濁の指標として用いられる。

■窒素・りん

・湖沼、閉鎖性海域等における富栄養化の主な原因物質。

・窒素やりんなどの栄養物質を含む排水が湖沼や内湾等の閉鎖性水域に流入すると、富栄養状態が進行して**プランクトン**が異常発生し、水質が**汚濁**する。

■溶存酸素（DO：Dissolved Oxygen）

・水中に溶存する**酸素量**のこと。

・水中生物の活動に影響を与えるため、水質の重要な測定項目。

■全有機炭素量（TOC：Total Organic Carbon）

・水中に存在する有機物に含まれる**炭素**の総量で、水中の**総**炭素量から**無機性**炭素量を引いたものである。

プラスアルファ

BODの測定

・BODを測定するには、試料水を20℃で5日間放置している間に消費される酸素の量が何mgだったかを測る。この値から、微生物によって分解される水中の有機物の量をある程度測定することができ、水質の汚染度がわかる。

一次

Lesson 06 地球環境問題

冷媒

苦労が　ないと
（クロロ＝塩素）

ゾンビ　は　倒せない
（オゾン層）　　（破壊できない）

冷媒《れいばい》について、クロロ（塩素）を含まないものは、オゾン層を破壊しないという特性がある。

■地球温暖化

- 石油や石炭等の化石燃料の燃焼等により、大気中の二酸化炭素等の温室効果ガスの濃度が上昇すると、地球の気温が上昇する。
- **温室効果**とは、日射エネルギーにより加熱された地表面からの放射熱の一部が、大気中の水蒸気、二酸化炭素などにより吸収され、大気の温度が上昇することをいう。
- **温室効果ガス**には、二酸化炭素、メタン等があり、大気中に存在するガス総量としての地球温暖化への影響度（寄与度）が最も大きいのは、**二酸化炭素**である。

■酸性雨

- 酸性雨は、大気中の硫黄酸化物（SOx）や窒素酸化物（NOx）が溶け込んでpH**5.6以下**の**酸性**となった雨のこと。
- 湖沼や森林の生態系へ悪影響を与えるほか、建築構造物にも被害を与える。

■冷媒

- 冷媒とは、冷凍サイクルにおいて熱を移動させるために用いられる熱媒体のこと。

- **フロン**が多用されていたが、成層圏で分解されると塩素が生じ、オゾン層が破壊されることが判明し、問題になる。
- 現在の代表的な冷媒として、CFC、HCFC、HFC、HFO、NH_3 などがある。
- 代替フロンの HFC-134a は、オゾン層破壊係数が **0（ゼロ）** で、地球温暖化係数が二酸化炭素より**大きい**冷媒である。

注意 **・二酸化炭素より小さい冷媒ではない！**

- 指定フロン（**HCFC**）は、補充用を除いて、先進国において、2020 年に生産・輸出入が禁止され、日本でも 2020 年 1 月 1 日より輸入割当が全廃となっている。
- 代替フロンの HFC-134a は、地球温暖化係数が**高い**ため普及していない。
- 代替フロンである **HFC** は、塩素を含まないためオゾン層を破壊しないが、地球の温暖化に影響を与える程度を示す地球温暖化係数（GWP）は二酸化炭素より**大きい**。冷媒分野で使用されるため、排出量は増加している。
- アンモニア（NH_3）は、オゾン層破壊係数は **0（ゼロ）** で、地球温暖化係数は 1 以下の自然冷媒である。

注意 **・「オゾン層破壊係数が大きい」は間違い！**

冷媒

CFC
Chlorofluorocarbon
クロロ・フルオロ・カーボン
塩素　フッ素　炭素

CFC-12

HCFC
Hydrochlorofluorocarbon
ハイドロ・クロロ・フルオロ・カーボン
水素　塩素　フッ素　炭素

HCFC-22

HFC
Hydrofluorocarbon
ハイドロ・フルオロ・カーボン
水素　フッ素　炭素

HFC-134a

■最新の省エネ技術

- **ZEB（Net Zero Energy Building）**とは、大幅な省エネルギー化の実現と再生可能エネルギーの導入により、室内環境の質を維持しつつ年間一次エネルギー消費量の収支をゼロとすることを目指した建築物のこと。

一次

Lesson 07 流体の性質（1）

流体の粘性係数

ネバーギブアップ
（粘性係数）　（up ＝上昇）

アブ　と　水芭蕉　期待大
（油）　　　（水は小）（気体は大）

水や油の粘性係数は水温の上昇とともに小さくなり、空気など気体は大きくなる。

■水の密度

・密度［kg/m^3］とは、単位体積当たりの質量。
　水の密度……常温で **1,000kg/m^3**
　空気の密度……常温で **1.2kg/m^3**
・密度の大きさは温度の影響を受ける。
・水の場合は、液体（水）よりも、固体（氷）のほうが密度は小さい。
・１気圧の条件下では、**4℃付近**で密度が最も大きくなる。

■流体の粘性係数

・流体とは、液体や気体のように、少しの力を加えると容易に変形する物質のこと。
・水や油など液体の粘性係数は、水温の上昇とともに**小さく**なる。

注意　**・水の粘性係数は、水温の上昇とともに大きくならない！**

・空気などの気体の粘性係数は、一定の圧力のもとでは、温度の上昇とともに**大きく**なる。

■毛管現象

・液体中に細い管を入れると、液体の**表面張力**により、液の種類によって、管内の液面が外部の自由表面より上または下に移動する現象。

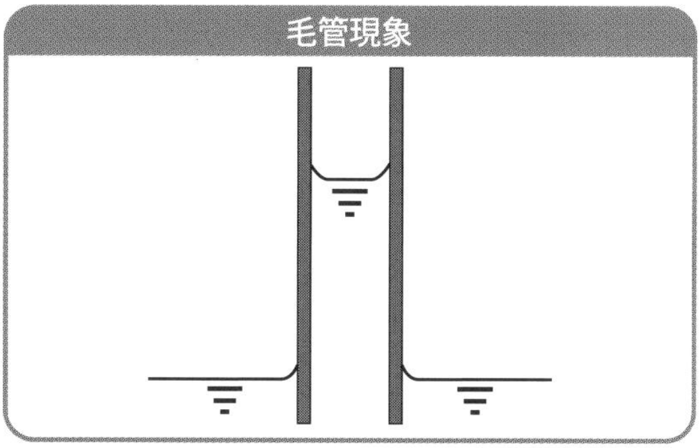

■パスカルの原理

・密閉容器内に静止している流体の一部に加えた圧力は、流体のすべての部分にそのままの大きさで伝達されるという原理。

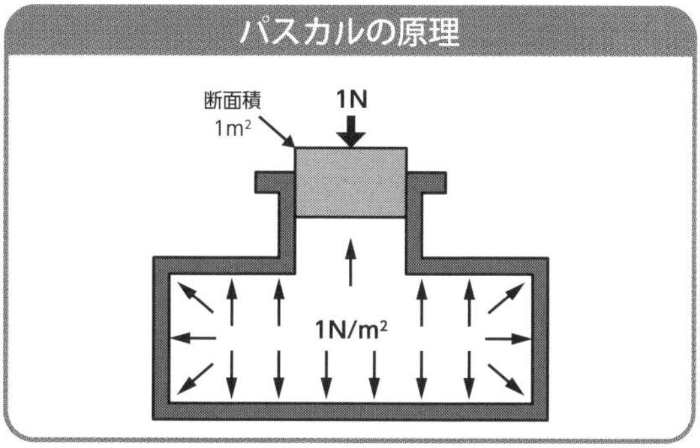

■水撃作用（ウォーターハンマー）

・管内の水が衝突するときに生じる騒音、振動などの異常現象のこと。

・**水柱分《すいちゅうぶん》離《り》**とは、管内の水に**負圧**（大気圧よりも低い圧力）部分が生じる現象をいい、水柱分離は**ウォーターハンマー**の発生原因になる。

・管路に流れる液体の密度が**大きい**ほど、管路閉止時の水撃圧は**高く**なる。

注意　・**水撃圧は密度が小さいほど高くならない！　密度が大きいほど高くなる。**

・管種以外の条件が同じ場合、変形しにくい**鋼管**の方が、硬質塩化ビニル管等よりウォーターハンマーが**発生しやすい**。

プラスアルファ

水柱分離防止の例

・揚水管の横引配管が長くなる場合、水圧の低い上層階で横引きをすると水柱分離を生じやすいので、水圧の高い下層階で横引きする。

Lesson 08

流体の性質（2）

一次

ニュートン流体

ニュッと、　そこに
（ニュートン流体）（速度勾配）

尾ひれ。
（比例）

ニュートン流体では、粘性によるせん断応力は速度勾配に比例する。

■ニュートン流体

- 物体に作用するせん断応力（摩擦応力）は、流体の速度勾配に**比例**する（ニュートンの粘性法則）。この法則に従う流体のことを**ニュートン流体**という。
- ニュートン流体では、粘性によるせん断応力は速度勾配に比例する。

ニュートン流体

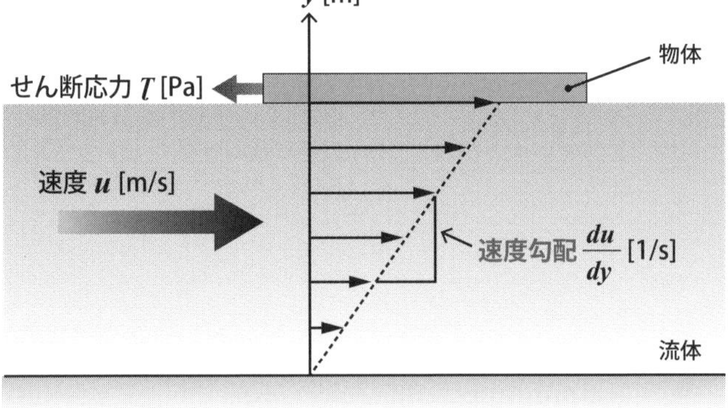

・ニュートン流体では、摩擦応力は境界面と垂直方向の速度勾配に**粘性係数**を乗じたものとなる。

■カルマン渦

・一様な流れの中に置いた円柱などの**下流側**に交互に発生する渦のこと。

・カルマン渦が生じると、**音**や**振動**などが生じる。

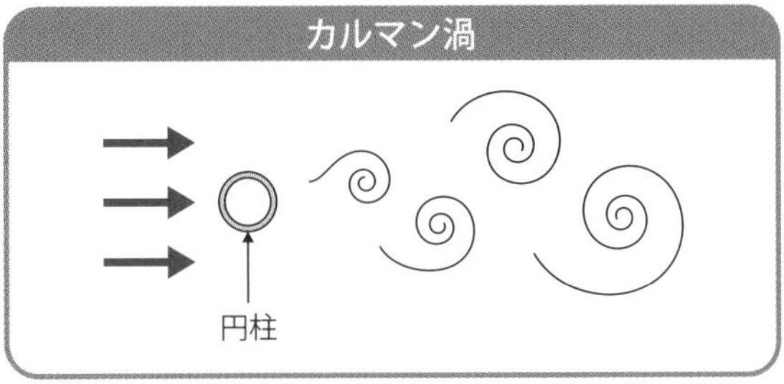

■レイノルズ数

・層流と乱流の判定の目安として用いられる。

・運動をし続けようとする力である**慣性力**と、摩擦により生じる**粘性力**の**比**で表される。

レイノルズ数 (Re) ＝**慣性力／粘性力**

・管内の流れにおいて、レイノルズ数の値が臨界レイノルズ数を超えると流れは**乱流**（流体が不規則に運動している流れ）になる。

・管内の流れにおいて、レイノルズ数が臨界レイノルズ数より小さいと流れは**層流**（規則正しく運動している流れ）となる。

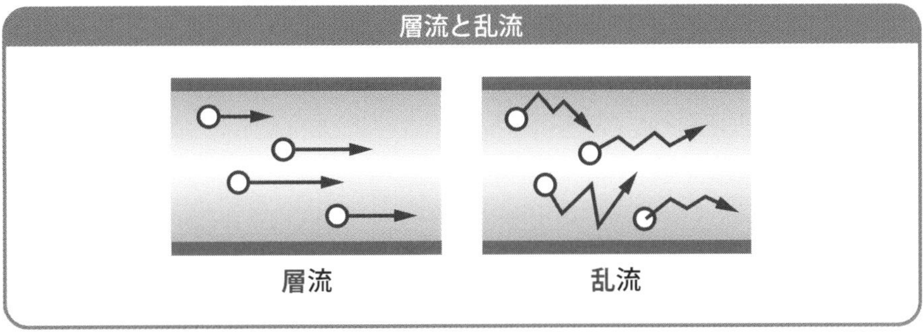

プラスアルファ

一般に、管内の流れが乱流になると、振動や損失が生じるので、乱流が生じず層流となるように設備・機器・配管などは設計される。

一次

Lesson 09 流体の諸法則

ベルヌーイの定理

ベルボーイって、
（ベルヌーイの定理）

力持ち！
（エネルギーの保存の法則）

ベルヌーイの定理は、エネルギーの保存の法則から導き出される定理である。

■ダルシー・ワイスバッハの式

・流体が円管の直管部を流れるとき、粘性のために流体摩擦が働き、運動を妨げ抵抗となって**圧力損失**を生じる。この圧力損失は、次の**ダルシー・ワイスバッハの式**で求められる。

$$\Delta P = \lambda \frac{L}{D} \times \frac{\rho V^2}{2}$$

ΔP：圧力損失［Pa］、λ：管摩擦係数、
L：管長［m］、D：管径［m］、
ρ：流体の密度［kg/m^3］、V：流速［m/s］

ダルシー・ワイスバッハの式

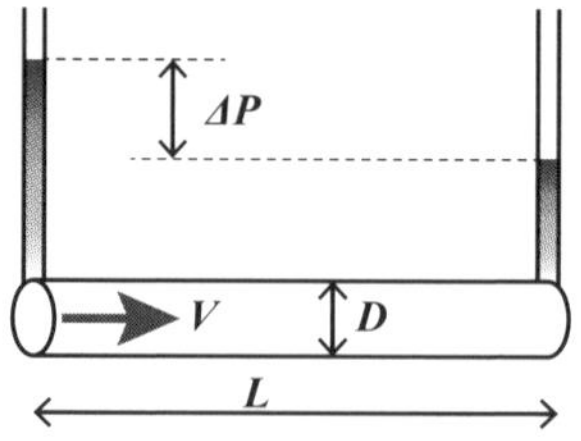

①圧力損失は、管摩擦係数（λ）に比例する。
②圧力損失は、管長（L）に比例する。
③圧力損失は、管径（D）に**反比例**する。
④圧力損失は、流体の密度（ρ）に比例する。
⑤圧力損失は、流速（V）の２乗に比例する。
⑥圧力損失は、動圧（$\frac{\rho V^2}{2}$）に比例する。

注意　**・圧力損失は、管径に比例しない！　反比例する！**

■ベルヌーイの定理

- 流体における、エネルギー保存の法則を表す定理。
- 粘性がなく、一定の状態を保った流れにおいて、流体の**速度**エネルギー、**圧力**エネルギー、**位置**エネルギーの総和が一定であることを表す定理。

速度エネルギー ＋ **圧力**エネルギー ＋ **位置**エネルギー ＝ **一定**

- 流体の速度エネルギーによる圧力を**動圧**、流体の圧力エネルギーによる圧力を**静圧**、流体の位置エネルギーによる圧力を**位置圧**といい、動圧と静圧と位置圧の総和を**全圧**という。

全圧 ＝ **動圧** ＋ **静圧** ＋ **位置圧** ＝ **一定**［Pa］

■トリチェリの定理

- 開放容器内の液体が孔から流出するときの、流出孔における流速と流出孔から液面までの高さに関する定理。
- ベルヌーイの定理から導き出される定理。

$$\rho g H = \frac{\rho v^2}{2}\ \text{[Pa]}$$

$$\therefore v = \sqrt{2gH}\ \text{[m/s]}$$

g：重力加速度［m/s^2］、
ρ：流体の密度［kg/m^3］、
H：流出孔から液面までの高さ［m］、
v：流出速度［m/s］

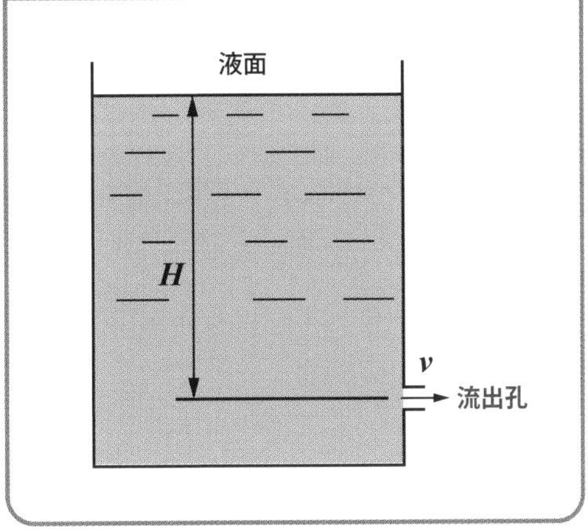

トリチェリの定理

注意　**・トリチェリの定理は、毛管現象に関係する定理ではない！**

一次

Lesson 10 熱と伝熱（1）

ステファン・ボルツマンの法則

ステーキを　　　ほおばるぞ
（ステファン・ボルツマン）（放射熱量）

ぜったいだよ！
（絶対温度）　（4乗に比例）

物体から放出される放射熱量は、その物体の絶対温度の4乗に比例する。

■熱力学の法則

- 熱力学の第1法則……エネルギー保存の法則を熱的現象に適用したもの。
- 熱力学の第2法則……熱の**流れ**の方向性について示した法則。
  ①熱は高温の物体から低温の物体へ移動するが、低温の物体から高温の物体へ自然と移ることはあり得ない。
  ②一つの熱源から熱を吸収してその全てを仕事に変換する熱機関は存在せず、孤立系の**エントロピー**は不可逆変化において常に**増大**するという法則。

■顕熱と潜熱

- 顕熱《けんねつ》は、**温度**変化のみに費やされる熱。**液体・気体の温度を変化**させる過程の熱。
- 潜熱《せんねつ》は、**状態**変化のみに費やされる熱。液体から気体になる過程で、温度が変化せずに**状態が変化**する過程の熱。

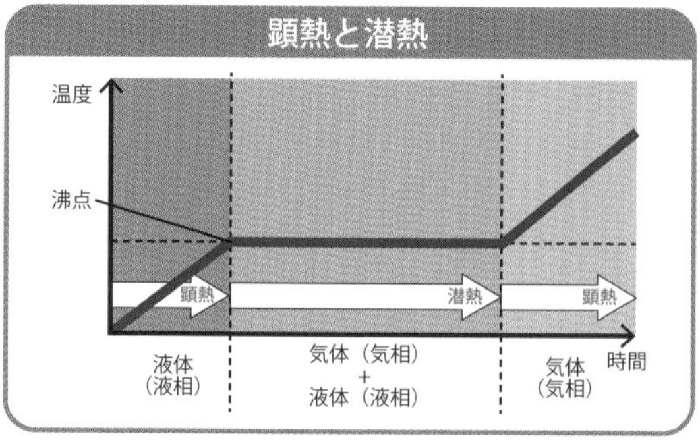

- 融解熱、気化熱等も、物質の状態変化のみに費やされる熱であり、**潜熱**である。
- 人体からの発熱量は、室内温度が下がると顕熱分が**大きく**なり、潜熱分が**小さく**なる。

プラスアルファ

潜熱の例
冷媒による冷凍は、冷凍すべき物体から冷媒が蒸発する際に必要とする潜熱を奪うことで行われる。

■ステファン・ボルツマンの法則

- 物体から放出される放射熱量は、その物体の**絶対温度**の４乗に比例するという関係性を示した法則。
- 絶対温度とは、絶対零度（−273℃）を基準にした温度。
- ステファン・ボルツマン定数とは、**熱放射**に関するステファン・ボルツマンの法則により表される関係式で示される定数をいう。

注意

・ステファン・ボルツマン定数は、熱伝導に関係するのではない！　熱放射に関係する定数である。

■熱通過（熱貫流）

- 温度差のある流体を固体壁で隔てたとき、高温側流体から固体壁を貫いて低温側流体に熱が伝わる現象を熱通過（熱貫流）という。
- 固体壁とこれに接する流体の伝熱を**熱伝達**、固体壁内の伝熱を**熱伝導**という。
- 固体壁両側の気体間の熱通過による熱移動量は、気体間の温度差と固体壁の面積に**比例**する。
- 熱通過の熱移動量は、気体間の温度差が大きいほど、固体壁の面積が広いほど、**多く**なる。
- 固体壁の熱通過は、熱伝達、熱伝導により構成され、壁体の構造が同じであっても、壁体表面の熱伝達率が大きくなるほど、熱通過率は**大きく**なる。

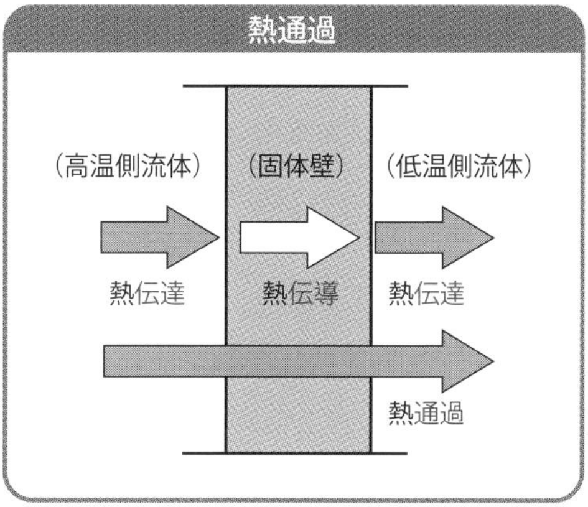

一次

Lesson 11 熱と伝熱（2）

ゼーベック効果

せんべいバクバク
（ゼーベック）

どさっと、元気出たよ
（温度差）　　（起電力）

ゼーベック効果とは、異なる 2 種類の金属線を両端で接合した回路において、2 つの接合点に温度差を与えると起電力が生じる現象をいう。

■比熱

- 比熱とは、1kg の物質の温度を **1℃上昇**させるのに必要な熱量をいう。
- 気体の場合、定容比熱（体積一定の条件下での比熱）と、定圧比熱（圧力一定の条件下での比熱）の値が異なり、定圧比熱のほうが定容比熱よりも**大きく**なる。

注意 **・定容比熱の方が大きいは間違い！**

- 定圧比熱を定容比熱で除したものを、**比熱比**という。
- 気体の比熱比は、常に 1 より大きくなる。
- **液体**の定圧比熱と定容比熱は、ほとんど**同じ値**である。

■自然対流

- 流体温度の異なる部分の密度の差により、上昇流と下降流が起こることで生じる流体内の循環流をいう。

■ゼーベック効果とペルチェ効果

- **ゼーベック効果**……2 種の異なる**金属線**を接合して、接合部に**温度差**を与えると

起電力を生じる効果。熱電対温度計などに応用。

- **ペルチェ効果**……2 種類の異なる**金属**を接合した回路に**電圧**をかけると、一方の接点で**放熱**により温度が**下がり**、他方の接点で**吸熱**により温度が**上がる**効果。**電子冷凍**などに応用。

プラスアルファ

ペルチェクーラー
ペルチェ効果を利用した冷却器を、ペルチェクーラーといい、コンピューターの CPU の冷却などに用いられている。

■気体の断熱圧縮・断熱膨張

- 断熱とは、外部と熱のやり取りがないことをいう。
- 気体を、外部との熱のやり取りがない状態で圧縮することを**断熱圧縮**《だんねつあっしゅく》という。
- 気体を、外部との熱のやり取りがない状態で膨張することを**断熱膨張**《だんねつぼうちょう》という。
- 気体を断熱圧縮すると、外部からの仕事が気体の熱エネルギーに変換され、気体の温度は**上昇**する。
- 気体を、断熱膨張すると、気体の熱エネルギーが外部への仕事に変換され、気体の温度は**低下**する。

■カルノーサイクル

- カルノーサイクルは、**等温膨張**、**断熱膨張**、**等温圧縮**、**断熱圧縮**の 4 つの可逆過程から構成された、理想気体による理想的な熱機関。
- ①→②の過程で気体を温度一定のまま**等温膨張**させて外部の高温熱源から熱量を**受け取る**。
- ②→③の過程で**断熱膨張**させて温度を**下げる**。
- ③→④の過程で**等温圧縮**して外部の低温熱源へ熱量を**放出**。
- ④→①の過程で**断熱圧縮**して温度を**上げ**、①の状態に戻す。

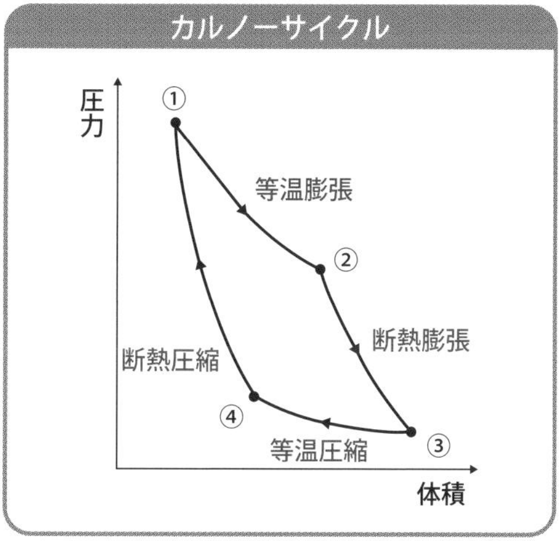

一次

Lesson 12 冷凍

冷凍効果

ジョッキ、ハイボールで
（蒸発温度）　（High（高い））

ぎょっ　ひく～
（凝縮温度）（低い）

蒸発温度が高いほど、冷凍効果がよくなる。
凝縮温度が低いほど、冷凍効果がよくなる。

■蒸気圧縮式冷凍サイクル

・蒸気圧縮式冷凍サイクルは、装置内の液体が蒸発する際に周囲から蒸発潜熱を吸熱する現象を利用して冷却し、蒸発した気体を圧縮、放熱して再び凝縮させる一連のサイクルで、**蒸発**過程→**圧縮**過程→**凝縮**過程→**膨張**過程の４つの過程で構成される。

蒸気圧縮式冷凍サイクル

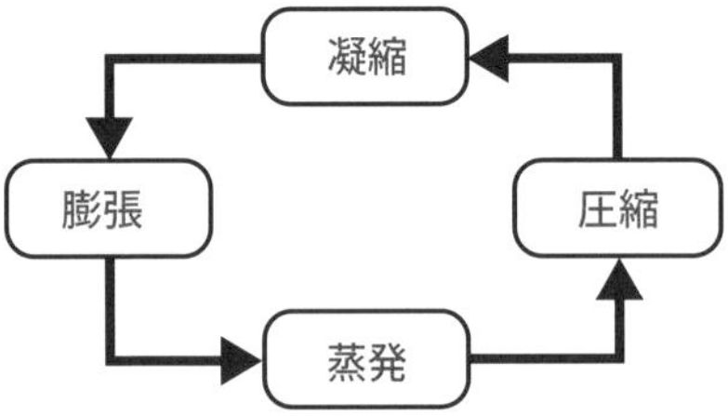

■冷凍サイクルの成績係数

・冷凍サイクルに投入したエネルギーに対する**冷凍効果**の比をいう。

・圧縮式冷凍サイクルでは、蒸発温度を低くすると成績係数は**小さく**なる。

注意　**・「蒸発温度を低くすると成績係数が大きくなる」は間違い！**

■ヒートポンプの成績係数

・冷凍機の**凝縮部**に着目し、そこから放熱される熱量を利用できるようにしたものを**ヒートポンプ**と呼ぶ。
・ヒートポンプの場合、圧縮仕事の駆動エネルギーによる熱量を加熱に利用できる。
・ヒートポンプの成績係数は、圧縮仕事の駆動エネルギーが暖房能力に含まれるため、冷凍機の成績係数より**１高く**なる。

■モリエ線図

・縦軸に**絶対圧力**（真空に対する圧力）、横軸に**比エンタルピー**（単位質量当たりの物質の保有する熱量）をとった**冷媒**の状態変化を表した線図。
・冷媒の特性を分析する場合に用いられる。

蒸気圧縮式冷凍サイクルのモリエ線図

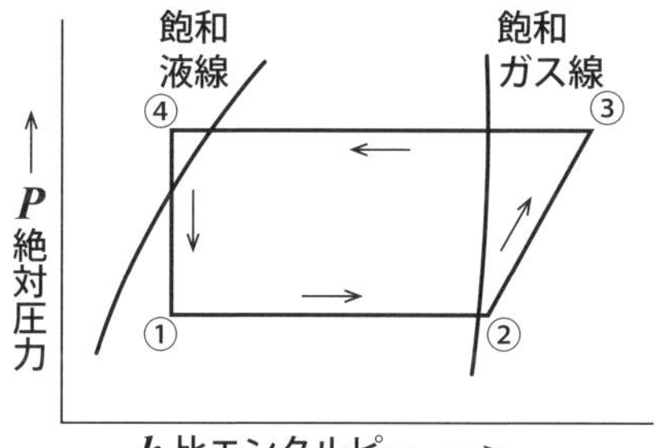

・①→②（**蒸発器**）では、蒸発器の**蒸発温度**が**低く**なると冷凍効果は**小さく**なる。
・②→③（**圧縮機**）は、近似的に**等エントロピー変化**。
・③→④（**凝縮器**）では、凝縮器の**凝縮温度**が**低く**なると冷凍効果は**大きく**なる。
・④→①（**膨張弁**）は、近似的に**等エンタルピー変化**。

一次

Lesson 13

湿り空気

熱分比

熱？　ぴえん
（熱分比）（比エンタルピー）

絶対　湿度　へん～
（絶対湿度変化量）

熱分比は比エンタルピーの変化量と絶対湿度の変化量の比である。

乾球温度と乾球湿度

- 乾球温度……乾燥した状態の感温部（乾球）で計測した温度。
- 湿球温度……湿潤した状態の感温部（湿球）で計測した温度。周囲の湿度の影響を受ける。
- 湿り空気を水スプレーで加湿すると、水が蒸発する際の**潜熱**により、乾球温度は低下する。

注意　**・潜熱により、乾球温度は上昇しない、低下する！**

絶対湿度と相対湿度

- 絶対湿度……湿り空気中における、乾き空気の質量に対する**水蒸気**の質量［kg/kg（DA)］。
- 相対湿度……湿り空気の**飽和水蒸気分圧**に対する水蒸気分圧［%］。

湿り空気線図

- 縦軸に**絶対湿度**、横軸に**乾球温度**、斜め軸に**比エンタルピー**をとった線図で、**湿り空気**の状態を把握できる。

■温度変化・湿度変化の湿り空気線図上の動き

- 絶対湿度を一定に保ちながら乾球温度を上げると、相対湿度は**下降**する（図中a）。
- 乾球温度が一定の場合、絶対湿度が上昇すると、相対湿度は**上昇**する（図中b）。
- 比エンタルピーを一定に保ちながら相対湿度を上げると、乾球温度は**下がる**（図中c）。

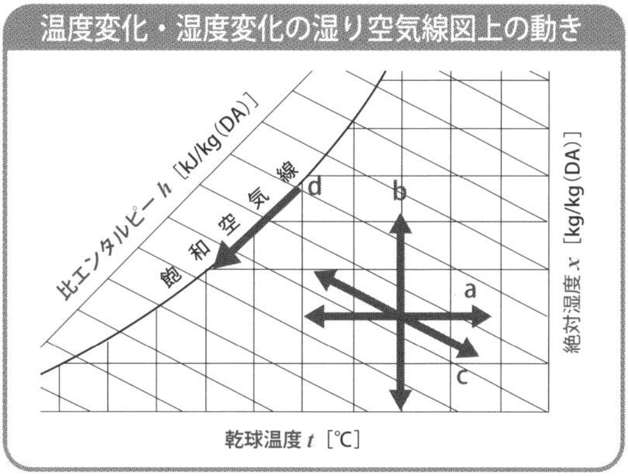

温度変化・湿度変化の湿り空気線図上の動き

- 露点温度以下の温度に冷却すると、絶対湿度は低下し、相対湿度100% のままで**変わらない**（図中d）。
- 飽和湿り空気の乾球温度を上げても、絶対湿度は**変わらない**。
- 飽和湿り空気では、乾球温度と湿球温度は**等しく**なる。

■加湿・減湿の湿り空気線図上の動き

- 蒸気スプレーによる加湿：絶対湿度と乾球温度がともに**上昇**する（図中a）。
- 水スプレーによる加湿：絶対湿度は**上昇**し、乾球温度は**下降**する（図中b）。
- 減湿を伴う冷却：絶対湿度と乾球温度がともに**下降**する（図中c）。
- 吸収剤による減湿：絶対湿度は**下降**し、吸着熱によって乾球温度が**上昇**する（図中d）。

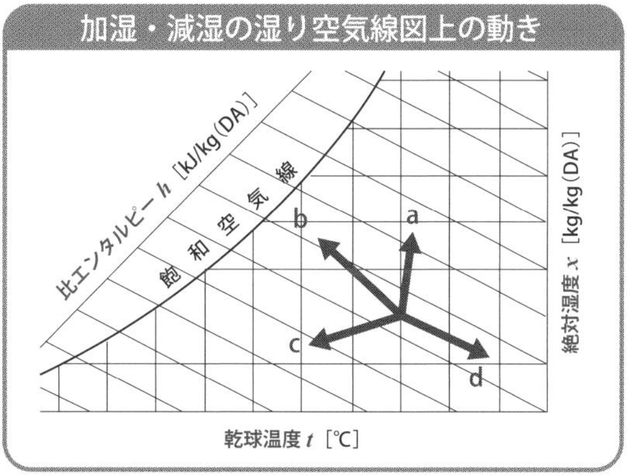

加湿・減湿の湿り空気線図上の動き

- 比エンタルピーを一定の条件下で、相対湿度を上昇させた場合、乾球温度は**低下**する。
- シリカゲル等の固体吸着による減湿は、吸着熱が生じて乾球温度が**上昇**する。

注意　**・吸収剤によって減湿した湿り空気の状態変化は、乾球温度一定の変化ではない！**

第１章　原論

一次

Lesson 14　燃焼

窒素酸化物

チッそうか、
（窒素酸化物）

あんたが　そうか。
（温度高い）　（増加）

燃焼ガス中の窒素酸化物の量は、燃焼温度が高いほど増加する。

■燃料の生成分

- 燃料は、利用するときの状態によって、**気体**燃料、**液体**燃料、**固体**燃料に大別される。
- 燃料の主成分は、炭素・水素・酸素・窒素・硫黄など。

■燃焼の発熱量

- 高発熱量……燃料が完全燃焼したときに放出する熱量で、燃焼によって生じた水蒸気の**潜熱分を含んでいる**もの。
- 低発熱量……燃料が完全燃焼したときに放出する熱量から、燃焼によって生じた水蒸気の**潜熱分を除いた**もの。
- 高発熱量と低発熱量の差は、燃料に含まれる水素及び水分の割合によってきまる。

■不完全燃焼

- 酸素濃度が 19%に低下すると、不完全燃焼により急速に**一酸化炭素**が発生する。
- 不完全燃焼時における燃焼ガスには、二酸化炭素、水蒸気、窒素酸化物のほか、**一酸化炭素**等が含まれている。

■理論空気量

・理論空気量は、燃料を**完全燃焼**させるために理論的に必要な**最小の空気量**。
・一般に、燃焼用空気と混合しにくい固体燃料より、燃焼用空気と混合しやすい**気体燃料**の方が、**理論空気量**に近い空気量で完全燃焼する。

注意 ・「固体燃料の方が理論空気量に近い空気量で完全燃焼する」は間違い！

■ウォッベ指数

・燃料ガスの単位体積当たりの**総発熱量**を**ガスの比重の平方根**で除したもの。

■窒素酸化物

・窒素の酸化物の総称で、燃料の燃焼などによって生じる大気汚染物質。
・燃焼ガス中の窒素酸化物の量は、燃焼温度が高温になるほど**増加**し、**低温**燃焼時より**高温**燃焼時の方が**多い**。

注意 ・燃焼ガス中の窒素酸化物の量は、高温燃焼時より低温燃焼時の方が多いは誤り！

■空気過剰率

・理論空気量に対する実際に燃料を完全燃焼させるのに必要な空気量の**比**をいう。

$$\text{空気過剰率} = \frac{\textbf{供給された空気量}}{\textbf{理論空気量}}$$

・空気過剰率が大きすぎると、廃ガスによる**熱損失**が増大するので、完全燃焼する範囲において、空気過剰率は**小さい**ほど**望ましい**。
・一般に、空気過剰率の値は、**固体**燃料＞**液体**燃料＞**気体**燃料である。
・固体燃料よりも液体燃料の方が、液体燃料よりも気体燃料の方が、空気過剰率が小さい。

プラスアルファ

ボイラーの燃焼
ボイラーの燃焼においても、空気過剰率が大きいほど熱損失は大きくなる。熱損失を少なくするためには、空気過剰率は小さいほど望ましい。

一次

Lesson 15 音

NC曲線

NG出して
（NC曲線）

皆（気持ち）下がる～
（右下がりのグラフ）

NC曲線は右下がりの曲線となり、音圧レベル許容値は、周波数が高いほど小さく、低いほど大きくなる。

■可聴周波数

- 波動が1秒間に振動する回数を周波数といい、単位は［Hz］。
- 人の耳で聞くことのできる音の周波数は、一般に、**20～20,000Hz**である。
- 同じ音圧レベルで比較したとき、**3,000～4,000Hz**付近の音が、人は**最も大きく**聞こえる。

■音の速さ・伝達

- 音の速さは、一定の圧力の大気中では、空気の温度が高いほど**速く**なる。
- 音は、気流により屈折するので、**風下**側へよく伝わり**風上**側には伝わりにくい。

■音圧レベルの合成

- 同じ音圧レベルの2つの音を合成すると、元の音圧レベルよりも**約3dB**大きくなる。
  例）音圧レベル50dBの音を2つ合成すると、約53dBになる。

■音の吸収

・ロックウールやグラスウールは、一般に、**低音域**（低周波数域）よりも**高音域**（中・高周波数域）の音をよく吸収する。

注意　・「低音域の音をよく吸収する」は間違い！

■ NC 曲線

・周波数別の**騒音の許容値**を示す曲線。

・NC 曲線は右下がりの曲線となり、音圧レベル許容値は、周波数が**高い**ほど小さく、**低い**ほど大きくなる。

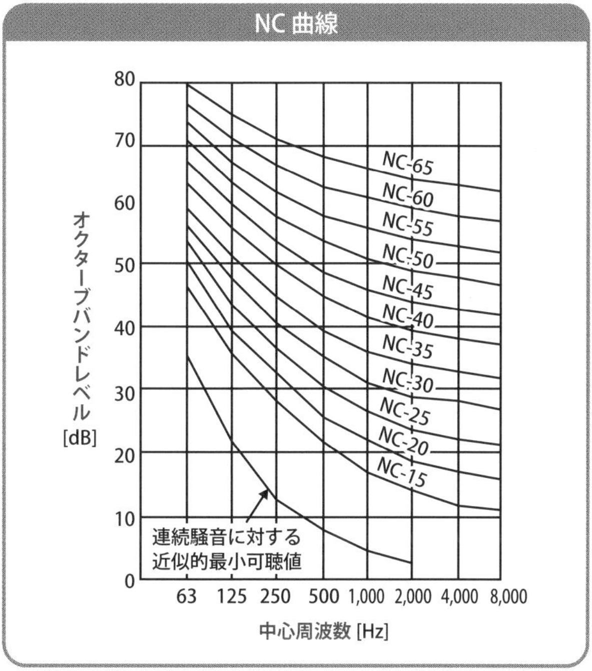

NC 曲線

■透過損失

・音が壁などを透過する際に生じる損失をいう。

・透過損失が**大きい**壁ほど、壁を透過した音の**減衰**が大きくなるので、遮音性能が**高く**なる。

・一般に、壁の透過損失は、鉄やコンクリートなどの単位面積当たりの**質量**が大きい重量壁ほど**大きく**なる。

■マスキング効果

・聞きたい音のほかに異なる音があるとき、一方の音（マスクする音）により、聞きたい音（マスクされる音）が聞きにくくなる効果をいう。

・マスキング効果は、マスクする音の周波数がマスクされる音の周波数に近いほど**大きく**なる。

一次

Lesson 16 金属材料の腐食

マクロセル腐食

まぐろが腐って、
（マクロセル腐食）

ああ　のどが痛んで　かさかさ
（アノード<u>が</u>腐食）　　　（カソード）

マクロセル腐食は、アノード（陽極）とカソード（陰極）が分離して生じる電位差により、アノード（陽極）部分が腐食する現象。

■異種金属接触腐食

- 水中で異なる金属を接触させたとき、イオンになりやすい**イオン化傾向**の**大きい**方の金属が陽極となって、**腐食**すること。
- イオン化傾向の**低い**貴な金属とイオン化傾向の**高い**卑な金属を接触させた場合に生じる**電極電位差**により、イオン化傾向の**高い**卑な金属が局部的に**腐食**する現象をいう。

注意　**・「イオン化傾向が小さい金属の方が腐食しやすい」は間違い！**

■選択腐食（脱亜鉛腐食）

- 合金成分のある種の成分のみが**溶解**する現象。
- 例として、バルブ弁棒の材料が黄銅製《おうどうせい》の場合に、黄銅の合金成分である銅と亜鉛のうち、亜鉛だけが選択的に腐食する場合などがある。

■マクロセル腐食

- **アノード（陽極）**と**カソード（陰極）**が分離して生じる**電位差**により、**アノード**

（陽極）部分が腐食する現象。

注意　**・陰極部分が腐食する現象ではない！**

■ pH と鋼の腐食

・水中における鋼（炭素鋼）の腐食は、強酸領域である pH（水素イオン濃度）**4 以下**になると急激に**増大**する。

注意　**・pH4 以下になると腐食がおこらないことはない！　むしろ逆である。**

■流速と鋼の腐食

・流速が**速く**なると鋼（炭素鋼）の腐食速度は**増加**するが、ある流速域では、表面の不動態化が促進され腐食速度が減少する。

■温度と鋼の腐食

・鋼の腐食は温度の上昇とともに増加する。

・密閉系配管における鋼の腐食は、水の温度の上昇とともに増大する。一方、**開放系配管**における鋼の腐食は、水の温度の**上昇**とともに **80℃くらい**までは**増大**するが、80℃を超えると配管内の溶存酸素が低下して減少する。

温度と鋼管の腐食

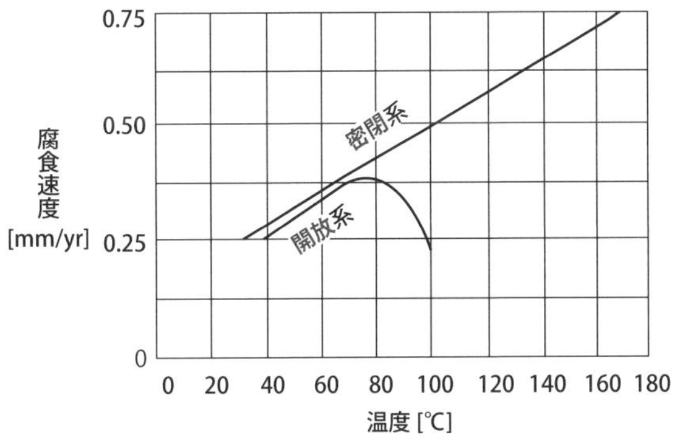

プラスアルファ

すきま腐食

配管のフランジ接合部など、金属と金属、あるいは、金属と非金属の合わさったすきま部が優先的に腐食される現象。

Lesson 01 低圧屋内配線（1）

一次

低圧屋内配線の工事方法

ごうせいなジュース。
（合成樹脂管工事）

ゴールドキウイに
（金属管工事）

加糖で　**ゲップ。**
（金属可とう電線管工事）（ケーブル工事）

点検できない隠ぺい場所に施設できる、300V以下の低圧屋内配線の工事方法は、合成樹脂管工事、金属管工事、金属可とう電線管工事、ケーブル工事である。

■低圧屋内配線

・低圧とは、交流 **600V** 以下、直流 **750V** 以下の電圧のこと。

■低圧屋内配線の配線方法と施設場所

低圧屋内配線工事の制限				
施設場所 / 使用電圧 / 工事方法	展開した場所、点検できる隠ぺい場所		点検できない隠ぺい場所	
	300V 以下	300V 超過	300V 以下	300V 超過
がいし引き工事	○	○	×	×
金属線ぴ工事	△	×	×	×
合成樹脂管工事	○	○	○	○
金属管工事	○	○	○	○
金属可とう電線管工事	○	○	○	○

金属ダクト工事	△	△	×	×
バスダクト工事	(▽)	△	×	×
フロアダクト工事	×	×	△	×
セルラダクト工事	(△)	×	△	×
ライティングダクト工事	△	×	×	×
平形保護層工事	(△)	×	×	×
ケーブル工事	○	○	○	○

(△)：点検できる隠ぺい場所で乾燥した場所に限り施設できる。
(▽)：展開した場所であれば湿気の多い場所または水気のある場所にも施設できる。
○：施設できる。
△：乾燥した場所に限り施設できる。
×：施設できない。

- 点検できる隠ぺい場所：点検口がある天井裏、戸棚、押入れなど簡易に点検、修理できる場所。
- 点検できない隠ぺい場所：天井ふところ、壁内、コンクリート床内など破壊しなければ点検、修理できない場所。

■低圧電路の絶縁抵抗値

電路の使用電圧の区分		絶縁抵抗値
300V 以下	対地電圧（接地式電路においては電線と大地間の電圧、非接地式電路においては電線間の電圧をいう）が 150V 以下の場合	**0.1M Ω以上**
	その他の場合	0.2M Ω以上
300V を超えるもの		**0.4M Ω以上**

- 低圧電路の電線相互間、電線と大地間の電気絶縁抵抗は、使用電圧が高いほど**高い値**とする必要がある。

注意　・「使用電圧が高いほど低い値とする」は間違い！

■低圧屋内配線の施工上の留意事項

- 金属管、金属可とう電線管、合成樹脂管、合成樹脂製可とう電線管などの管内の電線は、**絶縁電線**（屋外用ビニル絶縁電線（OW）を除く）とすること。
- 金属管、金属可とう電線管、合成樹脂管、合成樹脂製可とう電線管、フロアダクト、セルラダクトなどの管内に電線の**接続点**を設けてはならない。
- 金属管工事では、同一の回路の電線は、同一の管内に収めて**電磁的平衡を確保**すること。

一次

Lesson 02

低圧屋内配線（2）

D種接地工事

セットで　三百円以下　で〜す！
（接地工事）　（300V以下）　（D種）

接地工事の種類にはA種、B種、C種、D種の4種類あり、使用電圧が300V以下の金属管には、D種接地工事を施す。

■接地

・金属管や電気機器の金属製外箱などを大地と導体で接続することを接地という。接地する目的は感電防止、機器の保護などである。

接地の工事の種類	接地箇所
A種	高圧・特別高圧の機器など
B種	高圧又は特別高圧と低圧を結合する**変圧器**の中性点など
C種	**300V**を**超える**低圧の機器など
D種	**300V**以下の低圧の機器など

・低圧屋内配線の使用電圧が**300V以下**の場合、金属管工事に使用する金属管には**D種接地工事**を施す。
・低圧屋内配線の使用電圧が**300V**を**超える**場合、金属管工事に使用する金属管には**C種接地工事**を施す。

■合成樹脂製可とう電線管

- 合成樹脂製可とう電線管とは、電動機などの振動が発生する電気機器への配管に用いられる、たわむ性質のある合成樹脂製の電線管のこと。
- 合成樹脂製可とう電線管相互の接続には、**カップリング**などを用い、合成樹脂製可とう電線管同士を**直接接続してはならない。**
- 合成樹脂製可とう電線管には、非耐熱性の **CD 管**と耐熱性の **PF 管**がある。

CD 管	・自己消火性が**ない。** ・コンクリートに埋没するか、耐火性のある管に収めて配管する必要がある。 ・オレンジ色。
PF 管	・自己消火性が**ある。** ・天井内に直接転がして配管することもコンクリートに埋没して配管することも可能。

- CD 管は直接**コンクリート**に埋め込んで施設するか、不燃性又は自消性のある難燃性の管又はダクトに収めて施設する。
- PF 管も、直接コンクリートに埋め込んで施設して**よい。**
- 非耐熱性（**自己消火性**がない）の CD 管の色は、**オレンジ**色である。
- 合成樹脂製可とう管はもちろん、電線管内には電線の接続部を**設けてはならない。**

■漏電遮断器

- 漏電遮断《ろうでんしゃだん》器《き》とは、電路からの漏電が発生したときに、漏電を検出し、自動的に電路を**遮断**する開閉器のこと。
- 屋外に設置するコンセント回路や浄化槽の分岐回路など**水気**のある場所に施設する回路には、**感電防止**のため漏電遮断器を設ける。

漏電遮断器の構造と動作原理

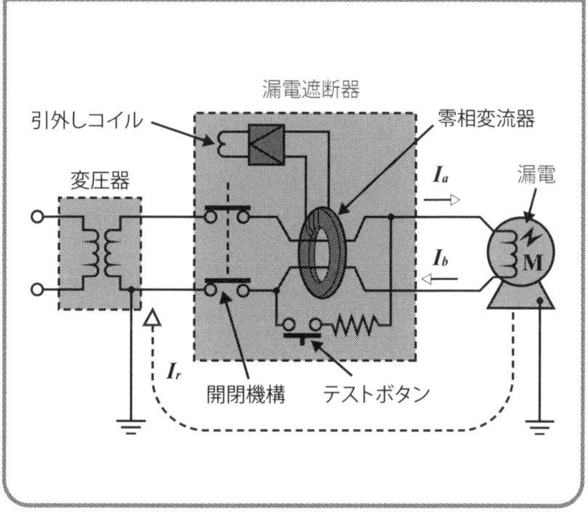

一次

Lesson 03

電動機

スターデルタ始動方式

星が
（スターデルタ始動方式）
ちかちか
（じか入れ始動方式の）
三途の川
（1/3）
流れ始める
（始動電流）

スターデルタ始動方式は、じか入れ始動方式に比べ、始動電流を 1/3 に低減する。

■三相誘導電動機

- 建築設備に使用される一般的な電動機で、電源は三相 3 線式 200V。
- 三相の電線のうちいずれか 2 線を入れ替えると、回転方向が**逆向き**になる。

■同期速度

- 誘導電動機の同期速度とは、電動機内部で回転する磁界（回転磁界）の回転速度。

$$Ns = \frac{120f}{p} \ [\mathrm{min^{-1}}]$$

Ns：同期速度［$\mathrm{min^{-1}}$（回転毎分）］、f：電源の周波数［Hz］、p：電動機の磁極の数（極数）

- 同期速度は、電動機の極数に**反比例**し、電源の周波数に**比例する**。

■じか入れ始動方式

- じか入れ始動方式では、定格電流の **5 ～ 7 倍**程度の始動電流が流れる。

■スターデルタ始動方式

- 一般に、200V 回路では、定格出力 5.5 ～ 11kW 以上の三相《さんそう》誘導《ゆうどう》電動《でんどう》機《き》には、スターデルタ始動方式などを用いて、始動電流の低減を図る。
- **始動**時は三相誘導電動機の結線をスター結線（Y 結線、星形結線）として、巻き線にかかる**電圧**を定格電圧の **1/$\sqrt{3}$** 倍に低減する。
- **運転**時にはデルタ結線（Δ結線、三角結線）として、じか入れ始動方式に比べて、**始動電流**を **1/3** に低減する。

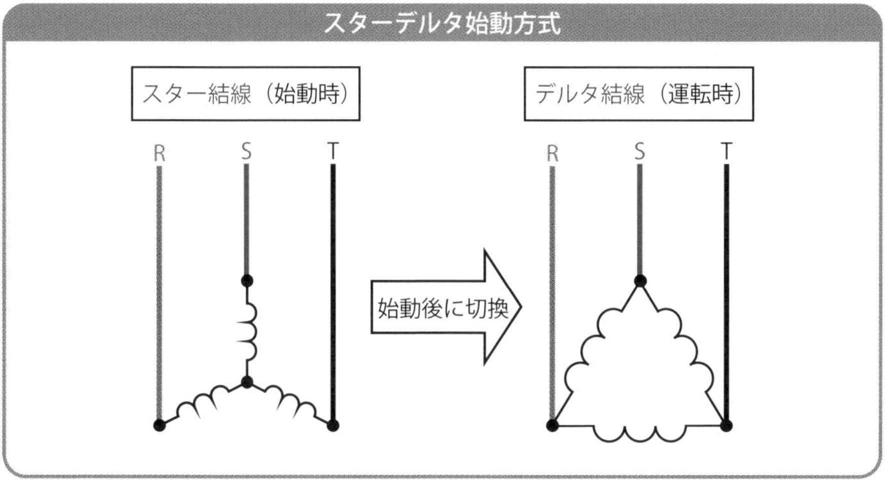

スターデルタ始動方式の配線
制御盤からスターデルタ始動方式の電動機までの配線は、6 本の電線で接続する。

■誘導電動機のインバータ制御

- 誘導電動機の電源の**周波数**を制御して誘導電動機の同期速度を制御し、誘導電動機の**回転速度**を制御するもの。
- インバータで運転すると、騒音が**増加**することがある。
- インバータによる始動方式は、じか入れ始動方式よりも始動電流が**小さい**。
- 一般に、電源の周波数とともに電源の**電圧**も制御する**可《か》変《へん》電圧《でんあつ》可《か》変《へん》周《しゅう》波《は》数《すう》制御《せいぎょ》（VVVF 制御）**方式が用いられている。
- 電圧波形にひずみを含むため、インバータを用いない運転よりも電動機の温度が**高く**なる。

第1部　ゴロ合わせ編

第3章　建築学

Lesson 01

一次

鉄筋コンクリート

あばら筋と帯筋

アバターの　**はりせんぼん**
（あばら筋）　（梁のせん断応力）

大いびきで　**正座**
（帯筋）　（せん断補強と座屈防止）

あばら筋は梁のせん断補強のために、帯筋は柱のせん断補強と座屈防止のために設置される。

■コンクリートの性状

- コンクリートとは、**セメント**、**骨材**（**砂利**・**砂**）に**水**を加えて練り混ぜ、水和硬化（水を加えて硬化すること）させたもの。
- **フレッシュコンクリート**とは、硬化する前のコンクリートのこと。
- **単位水量**（単位体積のフレッシュコンクリートに含まれる水分の質量）が**多い**ほど、硬化後、乾燥収縮によるひび割れが**発生しやすい**。
- **水セメント比**とは、フレッシュコンクリート中のセメントに対する水分の重量比のことで、水セメント比を小さくすると、コンクリートの耐久性は**高く**なる。

注意　・水セメント比が大きいことは望ましいことではない！

- スランプ値は、コンクリートの**ワーカビリティー**を評価する指標の１つ。
- スランプ値が大きいとフレッシュコンクリートの流動性が**大きく**なりコンクリートの打設効率が**向上**するが、硬化後の強度は**低下**する。

■鉄筋コンクリート

- 鉄筋コンクリートは、鉄筋が**引張**強度を、コンクリートが**圧縮**強度を負担している。
- 鉄筋とコンクリートの**線膨張係数**《せんぼうちょうけいすう》は常温でほぼ**等しい**。

■柱と梁の配筋

- 柱の軸方向の鉄筋を**主筋**《しゅきん》、周方向の鉄筋を**帯筋**《おびきん》という。
- 梁《はり》の軸方向の鉄筋を**主筋**、周方向の鉄筋を**あばら筋**という。
- 主筋は柱の**曲げ応力**に、帯筋は柱の**せん断応力**に対抗している。

■鉄筋のかぶり厚さ

- 柱の場合……コンクリート表面から最も外部側に位置する帯筋。
- 梁の場合……コンクリート表面から最も外部側に位置する**あばら筋**等の表面までの**最短距離**をいう。
- 基礎の鉄筋のかぶり厚さは、**捨てコンクリート部分を除いた**厚さとする。

鉄筋のかぶり厚さ

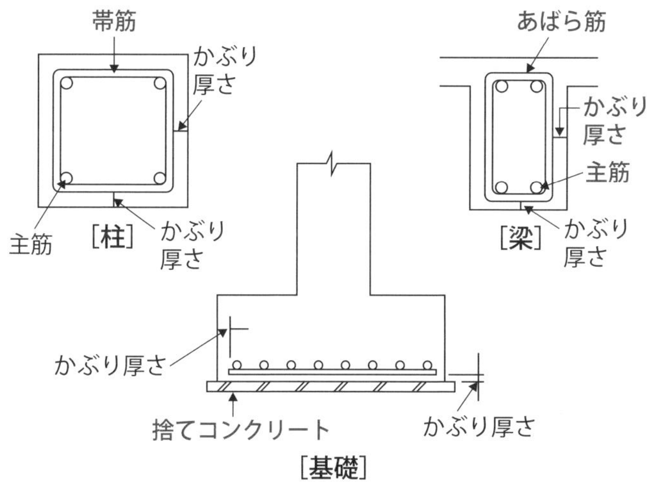

プラスアルファ

スパイラル筋

・主筋にらせん状に巻きつけられる鉄筋のこと。柱のせん断補強、耐震補強壁のアンカー周辺の補強としても設置される。

Lesson 02 梁の貫通孔と配筋

一次

梁貫通孔の径の大きさ

バリカンで　中心まで
（梁貫通孔）　（中心付近）

刈って　さぶーい
（径）　（さんぶんのいち）

梁貫通孔は、梁せいの中心付近とし、その径の大きさは梁せいの 1/3 以下とする。

■梁貫通孔

- 梁貫通孔《はりかんつうこう》とは、配管やダクトを通すための貫通孔。
- 梁貫通孔を設ける場合は、できるだけ径の小さい孔を、鉛直方向、水平方向ともに梁の中心付近に設けるようにする。
- 梁貫通孔は、梁の**せん断強度**の低下を生じさせる。

注意 **・曲げ強度ではない！**

- 梁貫通孔は、上下方向では梁せいの**中心付近**の位置とし、その径の大きさは**梁せいの 1/3 以下**とする。
- 梁貫通孔の外面は、一般的に、柱面から梁せいの **1.5 倍以上**離す。
- 梁貫通孔の径が、**150mm** 以上の場合は、補強筋を必要とする（梁貫通孔の径が梁せいの **1/10 以下**で、かつ、**150mm 未満**の場合は、補強筋を**必要としない**）。
- 2 つの大きさの異なる梁貫通孔の中心間隔は、梁貫通孔の径の平均値の **3 倍以上**とする。

梁貫通孔

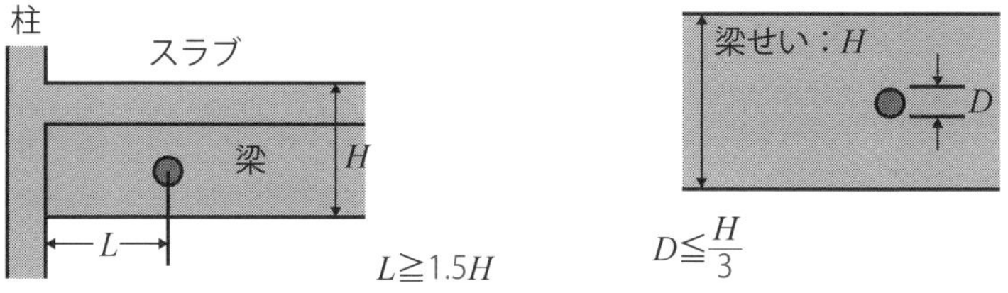

■梁の配筋

- 梁貫通孔補強筋は、**せん断力**によって発生する応力に抵抗できるように貫通孔の周囲に配筋する。

梁の曲げモーメント図と配筋の例

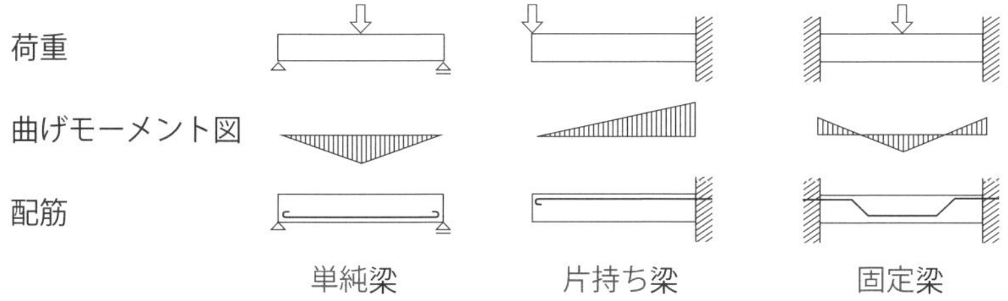

■開口補強

- 壁の開口補強には、鉄筋に代えて**溶接金網**《ようせつかなあみ》を使用することができる。
- 小さな壁開口が密集している場合、その全体を大きな開口とみなして開口補強を行うことが**できる**。

プラスアルファ

開口部

建物の壁等に設けられた、窓や出入口などの部分のことで、室外と室内のつながりをつくる部分のことをいう。開口部は、建物の耐震性能に大きく影響する。

一次

Lesson 03 構造力学

片持ち梁の等分布荷重

親分の　　肩持って
（等分布荷重）（片持ち梁）

丸く収める
（弧を描く曲げモーメント）

片持ち梁に等分布荷重が作用すると、
弧を描く曲げモーメントになる。

■力のモーメント

- 力の三要素は、①**方向**②**大きさ**③**作用点**
- 力のモーメントとは、物を**回転**させる力の大きさのこと。
- 任意の点Oに回転をおこさせる力 P が、距離 l の位置で働いているとすると、O点に発生するモーメント M は、

$$M = P \times l$$

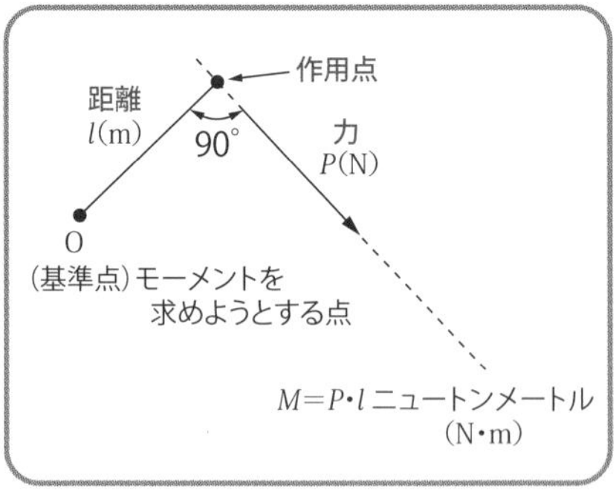

- モーメントは右回りを＋、左回りを－とする。

■反力

- 構造物の支点には外力に抵抗する**反力**が生じ、反力と外力が**つり合う**ことにより

構造物は支持される。

・反力の大きさは、つり合い条件式に反力と外力を代入して求められる。

・水平力の和 $\Sigma X = 0$、垂直力の和 $\Sigma Y = 0$、モーメントの和 $\Sigma M = 0$

■荷重の形式

荷重	図
集中荷重	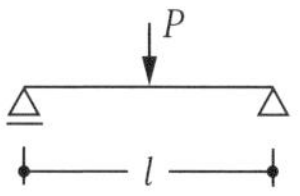
等分布荷重	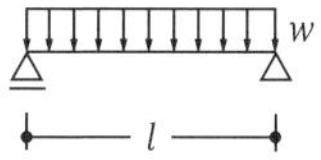
モーメント荷重	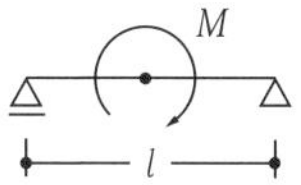

■荷重の曲げモーメント

荷重の曲げモーメント図

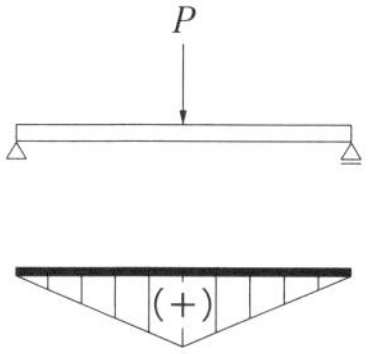

・両端支持梁に集中荷重が作用したとき

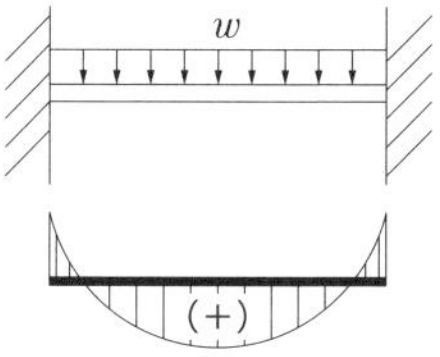

・両端固定梁に等分布荷重が作用したとき

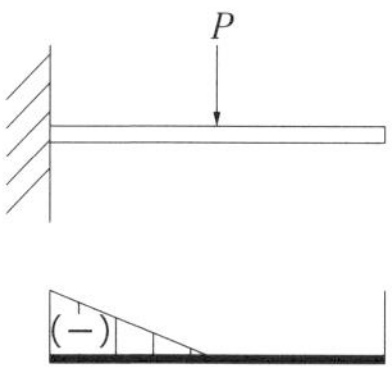

・片持ち梁に集中荷重が作用したとき

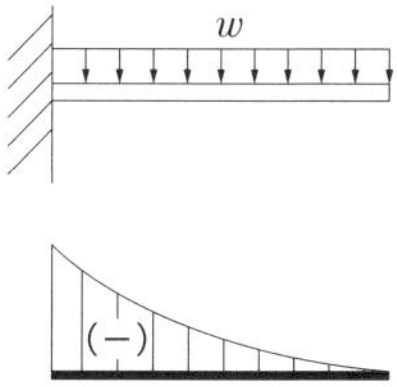

・片持ち梁に等分布荷重が作用したとき

一次

Lesson 01 建築計画・空気調和計画

負荷傾向別ゾーニング

お雑煮を　ふかふかの
（ゾーニング）（負荷傾向別）

ペリカンが　　　じっと　食す
（ペリメーターとインテリア）（事務室と食堂）

ペリメーター（外周部）とインテリア（内周部）の区分、事務室と食堂の区分は、負荷傾向別ゾーニングによって行う。

■建築計画

- 建物の平面形状は、**正方形**となるよう、短辺に対する長辺の比率（縦横比）を1に近づけ**小さく**する。

注意　・**長辺の比率は大きくしない！**

- 建物平面が長方形の場合、日射負荷の小さい南北面を**長辺**とし、日射負荷の大きい東西面を**短辺**とする。
- 外壁面積に対して、熱伝導率、日射負荷の大きい窓面積の比率を小さくする。
- 日射負荷の大きい**東西面**の窓面積を極力**減らす**建築計画とする。
- 窓ガラスは、日射の遮へい係数が**小さい**ものを計画する。
- 窓には、ひさし、高遮熱ガラス、ブラインド等による**日射遮《にっしゃしゃ》へい性能**の高いものを採用する。
- 非空調室を、建物の**ペリメーター**（外周部）に配置し、熱的緩衝空間を配置する。
- 建物の出入口に**風除室《ふうじょしつ》**を設け、外気の侵入を防止する。
- 屋上緑化は、植物や土壌による熱の遮断だけでなく、屋外空間の**温度上昇を緩和**

する効果がある。

■空気調和計画

- 日射や外気温度による室内への熱の影響を小さくするため、**エアフローウィンドウ方式**を採用する。
- 外気冷房を行う。特に、日射量の多い方位に外気冷房を導入すると効果が**高い。**
- 搬送動力を削減するため、冷温水の往き返り温度差を大きくし、流量を少なくする。
- 空調条件ごとに**ゾーニング**（系統区分）を行う。
- 省エネルギーに効果がある空調計画として、**熱源の台数制御**、**蓄熱方式**による空調システム、変流量方式による**流量制御**、**全熱交換器**の導入等がある。
- 蓄熱方式による空調システムは、熱源容量が**小さく**済む。

エアフローウィンドウ方式の例

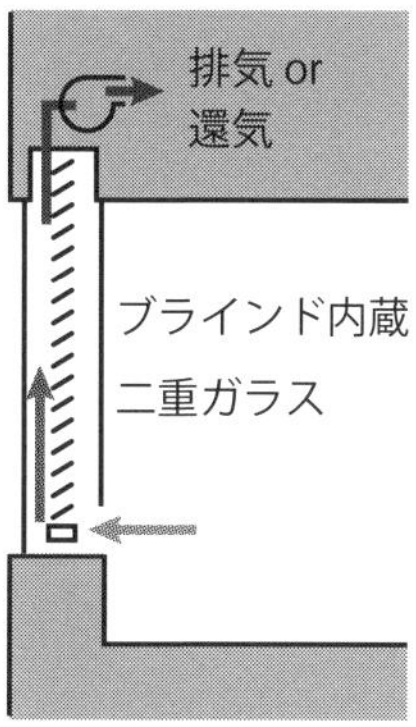

■ゾーニングの例

空気調和系統の区分	ゾーニングの種別
事務室と会議室	**使用時間別**ゾーニング
事務室と電算機室・サーバー室	**温湿度条件別**ゾーニング
ペリメーター（外周部）とインテリア（内周部）	**負荷傾向別**ゾーニング
事務室と食堂	**負荷傾向別**ゾーニング
東側、西側、南側、北側	**方位別**ゾーニング
病院の手術室、クリーンルーム、喫煙室	**空気清浄別**ゾーニング

プラスアルファ

高層建築物の給水系統のゾーニング

高層建築物では、高層部、低層部等の給水系統を区分するゾーニング等を行い、給水圧力が過大になるのを防止している。

一次

Lesson 02

空調方式

ダクト併用ファンコイルユニット方式

コンタクトと併用して
（ダクト併用ファンコイルユニット）

労力節減よ
（送風機の動力節減）

ダクト併用ファンコイルユニット方式は、送風機の動力が節減され、全空気方式に比べ、一般に搬送動力が小さい。

■定風量単一ダクト方式

- 空気調和機からの単一のダクトで各室を空調する方式。
- 空調制御は、**送風量**を一定にして、冷温水量を制御して**送風温度**を変化させて行う。
- 同一系統内の**部分的**な空調の運転・停止が**できない**。
- 代表室の室温により送風温度を制御させるため、各室の負荷変動パターンが異なる建物の空調に**適していない**。

■変風量単一ダクト方式

- 空気調和機からの単一のダクトで各室を空調する方式。
- 空調制御は、**送風温度**を一定にして、**送風量**を変化させて行う。
- **変風量（VAV）ユニット**のダンパーの開度信号により、空気調和機を送風制御する。
- 定風量単一ダクト方式に比べ、**搬送動力**を**低減**できる。
- 定風量単一ダクト方式に比べ、室の**間仕切り変更**や**負荷変動**への対応が**容易**である。

変風量単一ダクト方式

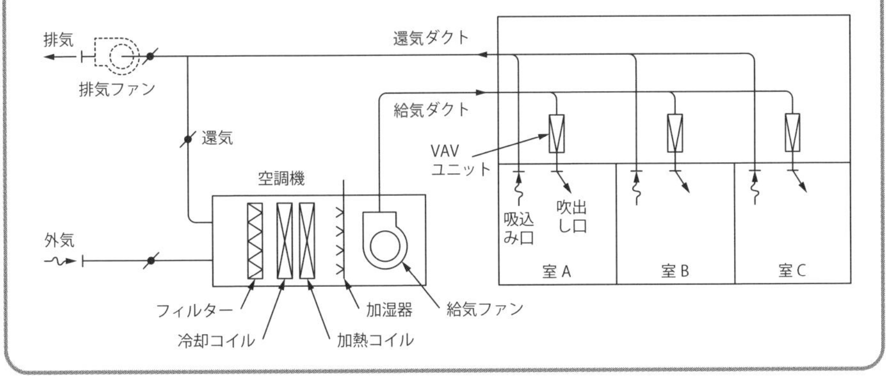

■ダクト併用ファンコイルユニット方式

- 外気や日射の影響を受けやすいペリメーター（外周部）にファンコイルユニットを配置し、インテリア（内周部）をダクト方式で空調する空調方式。
- 空調室への熱の搬送方式は、空気方式と水方式（冷温水）を併用する。
- 全空気方式（全ダクト方式）に比べ、一般に、搬送動力が**小さい**。
- 全空気方式（全ダクト方式）に比べ、外気冷房を**行いにくい**。

■床吹出し方式

- 床の吹出口から室内へ空調空気を給気する空調方式。
- 二重床内に空調機から空気を送風する加圧式、ファン付き床吹出し式などがある。
- 冷房運転時、天井は高温、床は低温になりやすい。
- 天井吹出し方式に比べて**床付近**に冷気が滞留しやすく、冷房運転時の居住域における**垂直**温度差が**大きい**。

注意　**・暖房運転時は、垂直温度差は大きくならない！　小さくなる！**

■天井放射冷房方式

- 天井放射冷房方式は、物体の持つ**放射冷熱**を利用したもので、潜熱負荷を効率的に利用したものではない。

プラスアルファ

ペリメーター空気処理方式

ペリメーター空気処理方式は、不快な冷気流であるコールドドラフトの防止に有効である。

Lesson 03 空調プロセスと空気線図

一次

コイルの冷却負荷

冷めた　　　恋の　入口と
（コイルの冷却負荷）（コイルの入口）

出口は　　　ぴえんさ
（コイルの出口）（比エンタルピーの差）

コイルの冷却負荷は、コイル入口とコイル出口の比エンタルピー差をグラフから読み取って計算する。

■冷房時のプロセス

冷房時の空気線図上の状態変化

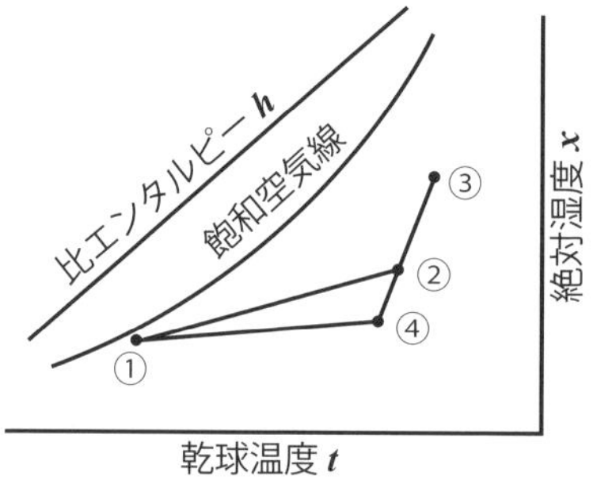

- コイル出口の状態点は①である。
- コイル入口の状態点②は外気量が多くなると導入外気の状態点③に近づく。
- 室内冷房負荷の顕熱比が大きくなるほど、直線①–④の勾配は小さくなる。
- 室内負荷は、コイル出口の状態点①と室内空気の状態点④の**比エンタルピー差**と**送風量の積**から求められる。

・コイル冷却負荷 [kW]

$$= \frac{\text{空気の密度 [kg/m}^3\text{]} \times \text{送風量 [m}^3\text{/h]} \times \text{冷房時の図 点②と①の比エンタルピー差 [kJ/kg]}}{3,600}$$

コイル冷却負荷計算例（※送風量 9,000m^3/h、空気の密度 1.2kg /m^3 で、比エンタルピーの値はコイル出口が 45、コイル入口が 65 の場合）

コイル冷却負荷［kW］

$$= \frac{1.2 \times 9{,}000 \times (65 - 45)}{3{,}600} = 60$$

答え 60kW

・室内冷房負荷［kW］

$$= \frac{\text{空気の密度}[\text{kg/m}^3] \times \text{送風量}[\text{m}^3/\text{h}] \times \text{冷房時の図 点④と①の比エンタルピー差}[\text{kJ/kg}]}{3{,}600}$$

暖房時のプロセス

・コイル入口の状態点③は、外気量が多くなるほど点②に近づく。

・室内暖房負荷は点⑤から点①の**比エンタルピー差**と**送風量の積**で求められる。

・有効加湿量は、点④から点⑤の**絶対湿度差**と**送風量の積**から求められる。

暖房時の空気線図上の状態変化

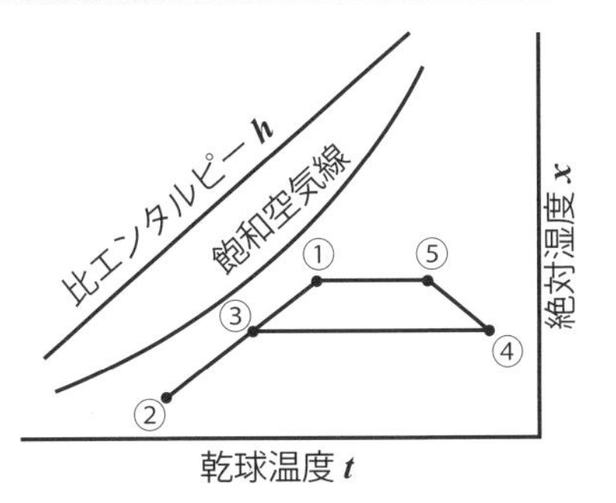

・コイル加熱負荷［kW］

$$= \frac{\text{空気の密度}[\text{kg/m}^3] \times \text{送風量}[\text{m}^3/\text{h}] \times \text{暖房時の図 点④と③の比エンタルピー差}[\text{kJ/kg}]}{3{,}600}$$

・室内暖房負荷［kW］

$$= \frac{\text{空気の密度}[\text{kg/m}^3] \times \text{送風量}[\text{m}^3/\text{h}] \times \text{暖房時の図 点⑤と①の比エンタルピー差}[\text{kJ/kg}]}{3{,}600}$$

・有効加湿量［kg/h］

$$= \text{空気の密度}[\text{kg/m}^3] \times \text{送風量}[\text{m}^3/\text{h}] \times \text{暖房時の図 点⑤と④の絶対湿度差}[\text{kg/kg(DA)}]$$

一次

Lesson 04 空調熱負荷

暖房負荷計算

団の　坊主は
（暖房負荷計算）

忍者　　　無視
（日射の影響）（無視する）

暖房負荷計算における外壁の負荷には、日射の影響は無視し、日射に関係する実効温度差は用いない。

■空調熱負荷

- 空調システムが、冷房、暖房時において、室内を一定の温湿度に保つため、冷却・加熱・減湿・加湿により処理すべき熱量のこと。
- 空調熱負荷には、**人体**負荷、**外気**負荷、**日射**負荷などがある。

■冷房負荷計算

- 人体からの発熱量は、室内温度が下がると顕熱分が**大きく**なり、潜熱分が**小さく**なる。
- 土間床、地中壁からの熱負荷は、一般的に、年中熱損失側であるため**無視**する。
- 日差しが少ない北側のガラス窓においても、天空放射の影響を受けるので、日射の影響を**考慮**する。

注意　**・北側ガラス窓においても、日射の影響を無視しない！**

- 玄関まわりなどのすき間風による熱負荷も考慮する。
- 日射の影響を受ける外壁からの熱負荷は、内外温度差ではなく、時間遅れを考慮した**実効温度差**を用いて計算する。

- 南側の外壁の冷房負荷は、一般的に、実効温度差を用いる。
- 北側の外壁の冷房負荷においても、一般的に、**実効温度差**を用いる。
- 日射及び夜間放射の影響を受ける外壁の負荷計算には、通常の温度差の代わりに、**実効温度差**を用いる。

■暖房負荷計算

- 土間床、地中壁からの熱負荷を**考慮する**。

注意　**・「土間床は、暖房負荷計算では無視する」は間違い！　無視するのは冷房負荷計算。**

- 玄関まわりなどのすき間風による熱負荷も考慮する。
- 暖房室が外気に面したドアを有する場合、**すき間風負荷**を考慮する。
- 暖房負荷計算における外壁の負荷には、暖房時の日射の影響は無視するため、日射の影響に関係する実効温度差は**用いない**。

注意　**・「暖房負荷計算では、実効温度差を用いて計算する」は間違い！　実効温度差は、冷房負荷計算で用いられる。**

■ TAC 温度

- TAC 温度は、 ASHRAE（アメリカ暖房冷凍空調学会）の Technical Advisory Committee（技術諮問委員会）の提案によるもので、過去数年以上の夏季４か月（６～９月）、冬季４か月（12 ～３月）の毎時外気温度の超過確率曲線を求め、超過確率をある一定の割合に抑えたときの温度。
- 一般的には超過確率 2.5% の値を用いる。
- 設計用外気温度には、一般に、TAC 温度が使用される。

プラスアルファ

サッシからのすき間風負荷

一般的に、サッシからのすき間風負荷は導入外気量と排気量を調整し、室内を大気圧より高い圧力である正圧に保つことができる場合、熱負荷計算に見込まなくてもよい。

一次

Lesson 05 自動制御

ファンと外気用電動ダンパーの制御

(不要)不　急?　静かな圧力
(ファン)　　(給気ダクト)(静圧)

外に出かけたい
(外気用電動ダンパー)

かんにんして　兄さん
(還気ダクト内)　(二酸化炭素濃度)

空気調和機のファンは、給気ダクト内の静圧を検出し、空気調和機の外気用電動ダンパーは、還気ダクト内の二酸化炭素濃度を検出して制御される。

空気調和設備における自動制御

- 室内温度(定風量方式)又は空気調和機からの**出口**空気温度(変風量方式)を検出して、冷温水コイルの制御弁により冷温水量を制御し、**給気**ダクトの静圧を検出して、送風機の回転数などを制御する。
- 加湿器は、空気調和機の**送風機**とのインターロックを設定し、送風機が停止しているときに加湿器が運転しないように制御される。
- 加湿器は、代表室内の湿度調節器による**二《に》位《い》置《ち》制御《せいぎょ》(オンオフ制御)**とする。
- 外気取入れダンパーは、空気調和機の運転開始時に一定時間、閉とする。
- 外気取入れダンパー及び排気ダンパーは、二酸化炭素濃度により**比例制御**とする。
- 外気冷房が有効な場合、外気取入れダンパー及び排気ダンパーは、給気温度により比例制御とする。
- 外気導入量の最適化制御は、室内の CO_2 濃度が設定値になるように CO_2 濃度センサーにより外気ダンパーの開度を制御することにより行う。

- ダクト挿入型温度検出器は、エルボ、ダンパーの直下流などを避け、偏流が生じない場所に設置する。
- 冷却塔のファンの制御には、**冷却水**温度による**二位置制御**（オンオフ制御）が用いられる。

注意　・**外気温度ではない！**

- 冷却塔の制御方式には、**二位置制御（オンオフ制御）**やインバータによる**回転数制御**などが用いられる。
- 室内型温度検出器は、吹出口からの冷温風、太陽からの放射熱などの影響がない場所に設置する。

■変風量単一ダクト方式の自動制御

- 変風量単一ダクト方式の自動制御において、空気調和機の冷温水コイルの制御弁は、空気調和機**出口**空気の温度により制御される。

注意　・**入口ではない！**

- 変風量（VAV）ユニットは、空調室内の温度により制御される。
- 外気及び排気用電動ダンパーは、還気ダクト内の**二酸化炭素濃度**により制御される。
- 空気調和機の外気用電動ダンパーは、**還気**ダクト内の二酸化炭素濃度を検出して制御される。
- 空気調和機のファンは、**給気**ダクト内の静圧を検出して制御される。

注意　・**還気ダクト内ではない！**

プラスアルファ

空気調和機内の加湿器

空気調和機内の加湿器には、蒸気方式、気化方式、水噴霧方式があり、蒸気方式の代表的なものにパン型加湿器がある。

一次

Lesson 06 空調熱源

ヒートポンプのサイクル切替え

Hippo（ヒッポー＝カバ）が
（ヒートポンプ）

まわって　綺麗し放題
（サイクル）（切替）（四方弁）

空気熱源ヒートポンプの冷房サイクルと暖房サイクルの切替えは、配管回路に設置された四方弁により行う。

■ヒートポンプ

・冷媒が、気体から液体に状態変化するときに放熱する**凝縮**熱を利用して、低温部から高温部へ熱を汲み上げる仕組み。

ヒートポンプの原理

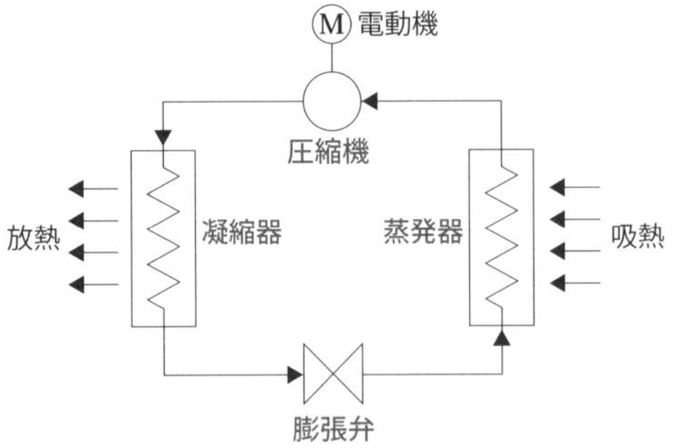

圧縮機
• 冷媒を圧縮して高温高圧に気化

凝縮器
• 凝縮熱を放出し液化

膨張弁
• 圧力を減じて低温に

蒸発器
• 周囲から熱を吸収して気化

- ヒートポンプでは、外気温度が低くなると暖房能力が**低下**する。
- ヒートポンプでは、室温の設定温度を上げると、冷媒の凝縮圧力が**高く**なる。
- ヒートポンプの採熱源の適応条件は、容易に得られること、平均温度が**高く**、温度変化の**小さい**ことが望ましい。
- 空気熱源ヒートポンプの**冷房**サイクルと**暖房**サイクルの切替えは、一般に、配管回路に設置された**四方弁**《よんほうべん》により行う。

四方弁による暖房サイクルと冷房サイクルの切替え

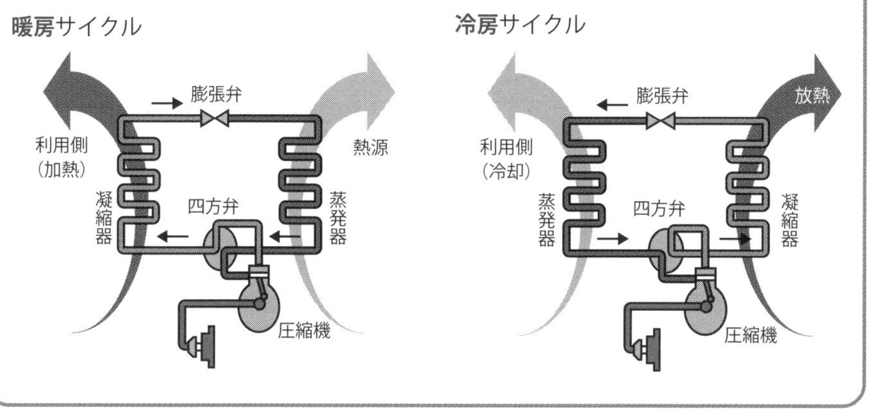

■ヒートポンプの成績係数

- COP（成績係数）は、どのくらい省エネルギーかを示す値。
- ヒートポンプの COP（成績係数）は、**加熱能力**を**投入したエネルギー**で除したもの。
- ヒートポンプ方式には空気熱源方式と水熱源方式があり、空気熱源ヒートポンプ方式に比べて、水熱源ヒートポンプ方式の方が成績係数が**高い**。
- ヒートポンプの成績係数は、圧縮仕事の駆動エネルギーが暖房能力に追加されるため、冷凍機の成績係数より**高く**なる。

プラスアルファ

デフロスト運転

空気熱源ヒートポンプでの暖房運転時、屋外の蒸発器の空気熱交換器に霜が付着する場合があるが、運転を冷房サイクルに切り替えて空気熱交換器に高温高圧のガスを流し、付着した霜を溶かすデフロスト運転という方法がある。

一次

Lesson 07

蓄熱

氷蓄熱方式

ひょーっ
（氷蓄熱方式）

シャーベット　だーい。
（シャーベット状の氷）（ダイナミック方式）

スターは　成績悪いのよ
（スタティック方式）（成績係数低い）

氷蓄熱《こおりちくねつ》方式には、流動性のあるシャーベット状の氷を製氷するダイナミック方式と、冷却管の外表面に製氷するスタティック方式があり、スタティックの方が成績係数は低い。

■蓄熱を利用した熱源方式

長所	・ピークカットにより熱源機器の容量を**低減**することができる。 ・運転時間及び時刻が選択でき、安価な**夜間**に電力を使用することが可能。 ・熱源機器を低効率で連続運転することがなくなり、最適な効率で運転可能。 ・空調負荷の変動に直接追従する必要がなく、**高効率**の連続運転が可能。
短所	・水槽の構築費がかかる。 ・水槽の環境によっては装置の**腐食**が促進される場合がある。 ・二次側配管系を開放回路とした場合、ポンプの揚程には循環の摩擦損失のほかに押し上げ揚程が加わり、ポンプの動力が**大きく**なる。

・蓄熱方式の装置容量は、主に**熱源機器能力**と**蓄熱容量**（蓄熱槽容量）で決まる。

注意　・「熱源機器能力に関係ない」は間違い！　関係する。

■氷蓄熱方式

- 夜間の熱需要の少ないときに**冷凍機**で製氷しておき、昼間の熱需要の多いときに解氷して冷房などに利用する方式。
- 氷蓄熱方式の利用により、最大熱負荷の低減（**ピークカット**）や最大熱負荷の時間帯をずらす（**ピークシフト**）ことが可能。
- 流動性のあるシャーベット状の氷を製氷する**ダイナミック方式**と、冷却管の外表面に製氷する**スタティック方式**がある。
- スタティック方式は、冷却管の外表面に氷が付着して伝熱性が低下するので、ダイナミック方式に比べて、冷凍機成績係数（COP）が**低く**なる。

氷蓄熱方式の例

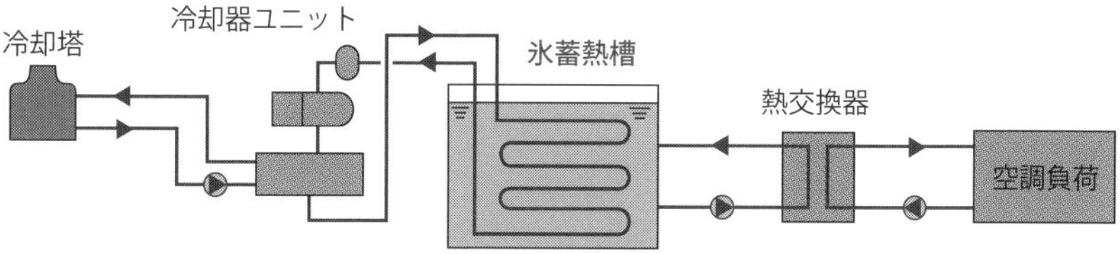

水蓄熱方式と比べると…

- 水蓄熱《みずちくねつ》方式に比べて、氷の融解潜熱を利用するため、蓄熱槽容量、設置スペースを**小さく**できる。

注意　・「氷蓄熱方式の方が蓄熱槽の容量が大きくなる」は間違い!

- 水蓄熱方式に比べて、冷水温度が低いので、搬送動力、搬送エネルギーを**小さく**できる。
- 水蓄熱方式に比べて、冷媒の蒸発温度が低くなるため、冷凍機成績係数（COP）が**低く**なる。

注意　・「冷凍機成績係数（COP）が高くなる」は間違い!

- 水蓄熱方式に比べて、冷水温度が**低い**ので、ファンコイルユニットの吹出口などの**結露**に留意する必要がある。

Lesson 08 地域冷暖房とCGS

一次

ガスタービンの発電効率

ガスッた、
（ガスタービン）

初デートでこれじゃ　ひく～
（発電効率）　　　　　　（低い）

発電機の原動機に用いられるガスタービン、ガスエンジン、ディーゼルエンジンのうち、ガスタービンの発電効率が最も低い。

■地域冷暖房

- 地域冷暖房は、蒸気・温水あるいは冷水などの熱媒を、熱源プラントから配管を通じて地域内の複数の建物に供給するシステム。
- 建物ごとに熱源機器を設置する必要がないため、建物の床面積の利用率が**高く**なる。

注意　**・利用率は低くならない！**

- 熱源の集約化により、高効率機器の採用、排熱などのエネルギーの有効利用、**ばい煙**の管理、**人件費**の節減、**災害・騒音**対策などの上で有利である。
- 地域冷暖房の採算面においては、一般的に、地域の熱需要密度は**大きい**方が有利。

注意　**・「密度が小さい方が有利」は間違い！　大きい方が有利である。**

- 地域冷暖房は、使用時間帯の同じ需要者が多く熱負荷の負荷傾向が重なると、熱源設備容量が過大となるので、使用時間帯が同じ需要者が少なく熱負荷の負荷傾向が重ならない方が有利。
- 地域冷暖房の社会的な利点には、**大気汚染防止**、**二酸化炭素排出量削減**等の総合的な環境保全効果がある。
- 地下鉄の排熱、ゴミ焼却熱等の未利用排熱を有効に**利用することができる。**

注意　・「利用することができない」は間違い！

■コージェネレーションシステム（CGS）

- **ガスタービン**、**ガスエンジン**、**ディーゼルエンジン**や**燃料電池**を用いて発電を行いながら、その排熱を空調や給湯に利用するシステム。
- コージェネレーションシステムの運転方式には、電力負荷に追従して運転する**電主**運転方式と、熱負荷に追従して運転する**熱主**運転方式がある。
- **受電並列運転**（系統連系）は、コージェネレーションシステムによる電力を商用電力と接続し、**一体的**に電力を供給する方式である。
- 発電機の原動機に用いられるガスタービン、ガスエンジン、ディーゼルエンジンのうち、**ガスタービン**の発電効率が最も**低い**。
- 燃料電池を用いるシステムは、原動機式と比べて発電効率が**高く**、騒音や振動が小さい。
- コージェネレーションシステムの発電効率の式は以下のとおり。

$$\text{発電効率} = \frac{\textbf{発電量}}{\textbf{燃料消費量}}$$

- ガスタービンからの排熱は、一般に、**高温の排ガス**から蒸気の形で回収される。
- ガスエンジン、ディーゼルエンジンからの排熱は、一般に、**排ガス**、**ジャケット冷却水**から回収される。
- 燃料電池は、内燃機関を用いた発電方式に比べ、発電効率が**高く**、騒音や振動が少なく、NOx の発生量も少ない。
- **マイクロガスタービン**発電機を用いるシステムでは、ボイラー・タービン主任技術者の選任は**不要**である。

プラスアルファ

CGS における専任の技術者

コージェネレーションシステムにおいて「電気事業法」上の「小出力発電設備」に該当しないものは、電気主任技術者の選任が必要である。

一次

Lesson 09

換気

居室の換気

ゆかちゃん　虹が１番！　と
（床面積）　　（1/20）

口を開く
（窓の開口部）

居室には床面積の 1/20 以上の換気に有効な窓等の開口部を設けなければならない。

■換気の種類

・窓などの開口部による自然換気と換気設備による換気がある。

■自然換気

・居室には床面積の **1/20 以上**の換気に有効な窓等の開口部を**設けなければならない。**

注意　・1/30 ではない！

・火気使用室の換気を自然換気方式で行う場合、排気筒の有効断面積は、燃料の燃焼に伴う**理論廃ガス量**、**排気筒の高さ**等から算出する。
・自然換気設備の排気口は、給気口より**高い**位置に設け、**常時開放**された造りとし、かつ、排気筒の立ち上がり部分に**直結**する必要がある。

■換気設備

・**劇場**、**映画館**、**演芸場**、**観覧場**、**公会堂**、**集会場**等の居室については、床面積の

1/20 以上の換気に有効な窓等の開口部があったとしても、換気設備を**設けなければならない。**

注意　**・開口部があるからといって、すべての居室で換気設備を設けなくていいことはない！**

- **一般建築物**の居室において、床面積の 1/20 以上の換気上有効な開口部がない場合は、換気設備を**設けなければならない。**
- 火気を使用する室については、原則換気設備を設ける。

> **火気使用室でも換気設備を設けなくてよい室**
> ①　**密閉式燃焼器具等のみ**を設けた室
> ②　床面積の合計が $100m^2$ 以内の住宅又は住戸に設けられた、一定の条件*を満たした**調理室**
> 　＊一定の条件……床面積の 1/10 以上かつ $0.8m^2$ 以上の換気上有効な窓等を設けたもの、密閉式燃焼器具等の発熱量合計が 12kW 以下のもの
> ③　**調理室以外**の室で、発熱量合計が **6kW 以下**の火気使用設備で、換気上有効な開口部を有する場合

■排煙口

- 天井高さが **3 m**以上の居室に設ける排煙口は、床面からの高さが **2.1m** 以上で、かつ天井高さの **1/2** 以上の壁の部分に設けることができる。
- 天井高さが 3m 未満の壁面に排煙口を設ける場合は、天井から **80cm 以内**、かつ**防煙《ぼうえん》垂《た》れ壁《かべ》**の下端より**上**の部分とする。

■機械換気方式

第 1 種換気設備 給気機（正圧）＋排気機（負圧）	・給気量と排気量を調整することで室内を正圧（大気圧より高い圧力）にも、負圧（大気圧よりも低い圧力）にも調整することが可能。
第 2 種換気設備 給気機（正圧）＋排気口	・給気は**機械換気**、排気は排気口による**自然換気**とする方式。
第 3 種換気設備 給気口＋排気機（負圧）	・給気は給気口による**自然換気**、排気は**機械換気**とする方式。

一次

Lesson 10 換気計算

二酸化炭素濃度による必要換気量の公式

勝利は　女神の下に
($V=$)　　(M)

シーソー　ロック
($C-Co$)　　(10^6)

必要換気量は、

$V=\dfrac{M}{(C-C_0)}\times 10^6$ で求められる。

■二酸化炭素濃度による必要換気量

$$V=\frac{M}{C-C_O}\times 10^6$$

V：必要換気量［m^3/h］、M：室内の二酸化炭素発生量［m^3/h］、
C：室内の二酸化炭素濃度［ppm］、C_O：外気の二酸化炭素濃度［ppm］

■浮遊粉じん濃度による必要換気量

$$V=\frac{M}{C-(1-\eta)C_O}$$

V：必要換気量［m^3/h］、M：室内の浮遊粉じん発生量［mg/h］、
C：室内の浮遊粉じん濃度［mg/m^3］、C_O：外気の浮遊粉じん濃度［mg/m^3］、
η：空気清浄装置の捕集率

■発生した熱を排除するための必要換気量

$$V=\frac{3{,}600q}{c_p\rho(T-T_O)}$$

V：必要換気量［m^3/h］、q：機器の発熱量［kW］、T：室内の許容温度［℃］、
T_0：外気温度［℃］、c_p：空気の定圧比熱［kJ/(kg·K)］、
ρ：空気の密度［kg/m^3］

■建築基準法上の必要有効換気量

$$V = \frac{20Af}{N}$$

V：必要有効換気量［m^3/h］、Af：居室の床面積［m^2］、
N：実況に応じた1人当たりの占有面積［m^2］（特殊建築物の居室にあっては3を超えるときは3と、**その他の居室**にあっては**10を超えるときは10**とする）

- $\frac{Af}{N}$ で算定される人員を、**算定人員**という。
- 算定人員に対し、実際に在室している人員を**在室人員**といい、必要有効換気量の式には、人員の**多い**方の数値を入れて計算する。

必要有効換気量の計算例

右図の居室の場合の必要有効換気量は次のように算定される。

算定人員 $= \frac{200}{10} = 20$［人］

在室人員 $= 24$［人］

算定人員 $20 <$ 在室人員 24 なので、在室人員24を代入する。
したがって、必要有効換気量 V は次のとおり算定される。

$$V = \frac{20Af}{N} = 20 \times 24 = \mathbf{480}\ [\mathbf{m^3/h}]$$

居室の必要有効換気量

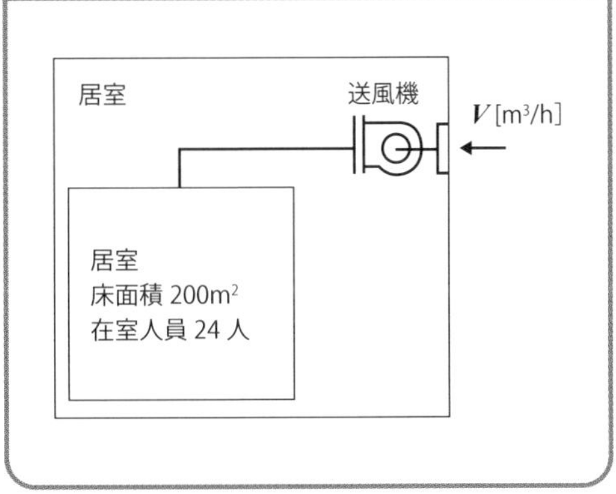

一次

Lesson 11

排煙設備

天井チャンバーの手動開放装置

神ジャンパーは
（天井チャンバー）

パイロット
（パイロットランプ）

天井チャンバーの手動開放装置には開放表示用のパイロットランプを設ける必要がある。

■排煙口

- 排煙口《はいえんこう》の位置は、避難方向と煙の流れが**反対**になるように配置する。
- 天井高さが**3m以上**の室の壁面に設ける場合の排煙口の位置は、床面からの高さが**2.1m以上**でかつ天井高さの**1/2**以上の部分に設置する。
- 天井高さが3m未満の室の壁面に設ける場合の排煙口の位置は、天井から**80cm以内**、かつ、防煙垂れ壁の下端より**上部**とする。
- 排煙口は、防煙区画の各部分から水平距離で**30 m以下**になるように設ける。
- 排煙口の手動開放装置の手で操作する部分の高さは、**天井**から吊り下げる場合、床面から概ね**1.8m**の高さとする。

注意　・1.5mではない！

- 自然排煙口は、防煙区画部分の床面積の**1/50以上**の排煙上有効な開口面積を有する必要がある。
- 排煙口の吸込み風速は**10m/s以下**とし、ダクト内風速は**20m/s以下**となるようにする。

注意 ・排煙口の吸込み風速と、ダクト内風速を逆に覚えない！

■排煙ダクト

- 排煙ダクトは、可燃物から**150mm以上**離すか、または厚さ**100mm以上**の金属以外の不燃材料で覆う。
- 廊下の横引き排煙ダクトは、立てダクト（メインダクト）まで、居室の**横引き排煙ダクト**と別系統にする。
- 排煙機に接続される立てダクトの排煙機室の床貫通部には、原則として、防火ダンパーを設けない。
- 排煙ダクトに設ける防火ダンパーは、作動温度**280℃**のものを使用する。

■予備電源

- 電源を必要とする排煙設備の予備電源は、**30分間**継続して排煙設備を作動できる容量とし、かつ、常用の電源が断たれた場合に**自動的**に切り替えられるようにする。

■天井チャンバー方式

- 排煙口を**天井**内に設け、火災煙を天井面に配置された**吸込口**から天井チャンバーを経て**排煙口**に導く排煙設備の方式。
- 天井内防煙区画部分の直下の天井面には、**防煙壁**《ぼうえんへき》を設ける必要がある。
- 天井内の小梁、ダクト等により排煙が不均等になるおそれがある場合は、均等に排煙できるように排煙ダクトを**延長**する必要がある。
- 天井内に**及ばない**間仕切りを変更する場合には、排煙ダクト工事を行う**必要がない**。
- 排煙口の開放が目視できないので、手動開放装置には開放表示用の**パイロットランプ**を設ける必要がある。

天井チャンバー方式

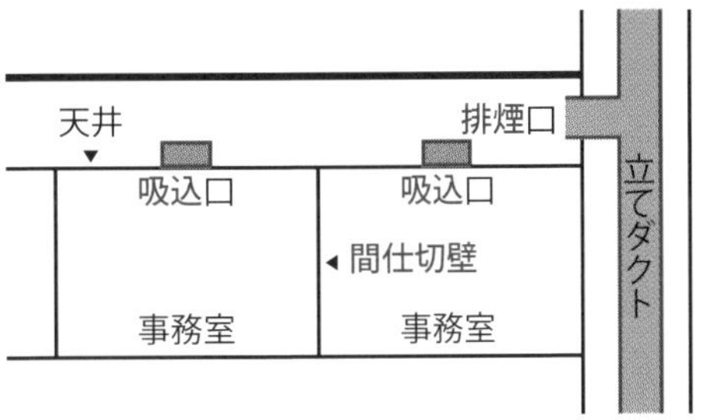

一次

Lesson 12

排煙風量

非常用エレベーター乗降ロビーの排煙風量

特別な場所
（特別避難階段）

兼　　六　　　　園
（兼用）（$6m^3/s$ 以上）（エレベーター）

機械排煙設備において、特別避難階段の付室を兼用する非常用エレベーターの乗降ロビーの排煙風量は、$6m^3/s$ 以上とする必要がある。

■排煙設備の排煙風量

- 防煙区画の排煙風量は、床面積 $1m^2$ につき **$1m^3/min$ 以上**の空気を排出する能力を有するものとする。
- 2つ以上の防煙区画を対象とする場合の排煙風量は、1分間に **$120m^3$ 以上**で、かつ、最大防煙区画の床面積 $1m^2$ につき **$2m^3$ 以上**とする。
- 排煙**横**ダクトの風量は、受け持つ防煙区画の排煙風量とし、同一階の隣接する2つの防煙区画の排煙口が同時開放するときの排煙風量のうち**最も大きい**風量とする。
- 排煙**立て**ダクトの風量は、受け持つ各階ごとの排煙風量のうち**最も大きい**風量とする。
- **特別避難階段**の付室または**非常用エレベーター**の乗降ロビーに機械排煙方式の排煙設備を設けた場合の排煙風量は、その付室またはロビーの**面積にかかわらず** **$4m^3/s$ 以上**確保する。
- 機械排煙設備において、特別避難階段の付室を**兼用**する非常用エレベーターの乗降ロビーの排煙風量は、**$6m^3/s$ 以上**とする必要がある。

■排煙設備の各部が受け持つ必要最小風量

排煙設備の各部が受け持つ必要最小風量

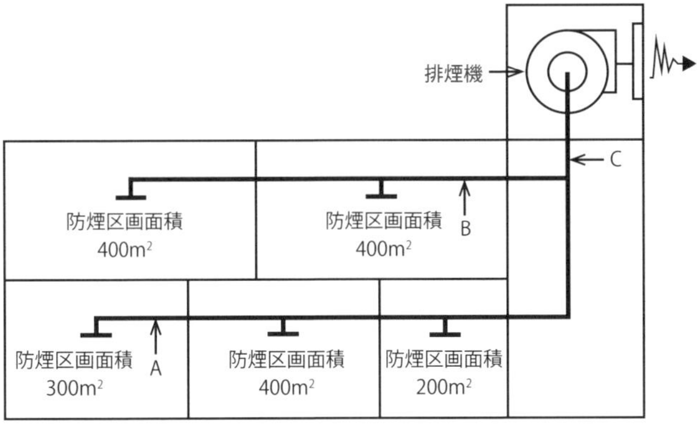

上図の必要最小風量の計算

・排煙機の風量

上図は 2 以上の防煙区画部分の排煙機であり、最大面積は 400m^2 で、最大の床面積 1m^2 に付き **2m^3/min** 以上であるから、

排煙機の風量＝ 400 × 2 ＝ 800 ＞ 120　　∴ 800［m^3/min］

・A 部のダクト

受け持つ防煙区画面積は 300m^2 なので、

A 部の風量＝ 300 × 1 ＝ 300［m^3/min］

・B 部のダクト

B 部が受け持つ部分で、同一階で隣接する 2 つの防煙区画が同時開放する組み合わせは、400m^2 と 400m^2 しかない。

B 部の風量 ＝ (400 ＋ 400) × 1 ＝ 800［m^3/min］

・C 部のダクト

C 部の風量は、各階ごとの排煙風量のうち最も**大きい**風量とする。1 階は、同一階で隣接する 2 つの防煙区画が同時開放する組み合わせは、300m^2 と 400m^2、400m^2 と 200m^2 の 2 パターンがあり、300m^2 と 400m^2 の組み合わせが**最大**。

1 階の風量＝ (300 ＋ 400) × 1 ＝ 700［m^3/min］

2 階の風量は、B 部の風量なので、800［m^3/min］

800 ＞ 700　　∴ 800［m^3/min］

一次

Lesson 01 上水道

露出配管部に伸縮継手を設ける間隔

ムキムキな
(管路むき出し→露出配管部)

にいさんの　のびーる手
(20 ～ 30m)　(伸縮継手)

伸縮自在でない継手を用いた管路の露出配管部には、20 ～ 30 mの間隔で伸縮継手を設ける。

■上水道の水道施設

・**取水**《しゅすい》施設とは、原水を取水して**導水**施設に送る施設をいう。
・**導水**《どうすい》施設とは、取水施設から浄水施設まで**導く**施設をいい、**自然流下**式、**ポンプ加圧**式及び**併用**式がある。

水道施設のフロー

河川 → 取水施設 → 導水施設 → **着水井** → 混和池 → フロック形成池 → **沈殿池** → ろ過池 → 送水施設 → 配水施設 → 需要者

(着水井～ろ過池：浄水施設)

・**ろ過池**には、**急速ろ過**方式と**緩速**《かんそく》**ろ過**方式があり、**急速ろ過**方式は、緩速ろ過方式では対応できない**高濁度《こうだくど》**の原水水質の場合や、敷地面積が狭く**制約がある場合**などに採用される。

- **浄水施設**には消毒設備を設け、需要家の給水栓における水の遊離残留塩素濃度を**0.1mg/L 以上**に保持できるようにする。
- **送水施設**とは、浄水施設から配水施設まで水を送る施設をいい、ポンプ、送水管などで構成される。
- 送水施設の計画送水量は、**計画 1 日最大給水量**（1 年を通じて、1 日の給水量のうち最も多い量）を基準として定める。
- **配水施設**とは、浄化した水を給水区域の需要者にその必要とする水圧で所要量を供給するための施設で、**配水池**、**ポンプ**、**配水管**などで構成される。

■上水道の配水管

- 配水管は、他の水道事業体または水道用水供給事業体**以外の**水道施設と**接続してはならない。**

注意　**・他の水道事業体または水道用水供給事業体とは接続できる！**

- 伸縮自在でない継手を用いた管路の露出配管部には、**20 ～ 30m** の間隔で**伸縮継手**を設ける。
- 2 階建て建物への直結の給水を確保するためには、配水管の最小動水圧は **0.15 ～ 0.2MPa** を標準とする。
- 配水支管から給水管に分岐する箇所での最大静水圧は、**740kPa（0.74MPa）**を**超えない**ようにする。
- 道路（公道）に埋設する配水管の土被りは、**1.2m** を標準とする。ただし、工事上やむを得ない場合は 0.6m。
- 道路（公道）に埋設する外径 **80mm 以上**の配水管には、原則として、占用物件の名称、管理者名、埋設した年などを**明示する**テープを取り付ける。
- 配水管より分水栓又はサドル付分水栓によって給水管を取り出す場合は、他の給水装置の取付口から **30cm 以上**離す。
- 配水管を他の地下埋設物と交差又は近接して敷設する場合は、少なくとも **30cm 以上**の間隔を保つ。
- 配水管を敷設する場合の配管の基礎は、軟弱層が深い場合、管径の **1/3 ～ 1/1 程度（最小 50cm）**を砂又は**良質土**に置き換える。

一次

Lesson 02

下水道

管きょの最小口径

小声で　感動
(最小口径)(管きょ)

お～つい　に、
(汚水)　　(200mm)

おめでとう　ごじゃいます
(雨水)　　　(50 足す→ 250mm)

管きょの最小口径は、一般に、汚水管きょでは 200mm、雨水管きょでは 250mm を標準として計画される。

■下水道

- 下水道は、家庭、ビルなどの排水（汚水）や雨水を処理し排除する施設。
- **流域下水道**は、2 以上の市町村の区域からの下水を排除又は処理する下水道で、終末処理場を持っているものをいう。
- **合流**式の下水道では、**降雨**の規模によっては、処理施設を経ない下水が公共用水域に**放流**されることがある。
- 下水道本管に接続する取付管の勾配は、**1/100 以上**とする。
- 民有地と道路の境界にある桝《ます》と本管を結ぶ取付管は、本管の**水平中心線**より**上方**に取り付ける。

注意　**・「本管の管頂から左右 90 度の位置に水平に設置する」は間違い！**

■管きょ

- 地下水路である管きょは、固形物の停滞を防ぐために、下流に行くほど流速を漸

増させ、流量が大きくなる下流ほど勾配を**緩やか**にする。

注意　**・勾配を急にするのではない！**

- 地表勾配が急な場合の管きょの接合は、原則として、地表勾配に応じて**段差接合**又は**階段接合**とする。
- 硬質塩化ビニル管、強化プラスチック複合管等の可とう性のある管きょの基礎は、原則として、配管を固定しない**自由支承**の**砂**又は**砕石《さいせき》基礎**とする。
- **汚水**管きょの流速は、計画下水量に対し **0.6 ～ 3.0m/s** として計画される。
- **雨水**管きょの流速は、計画下水量に対し **0.8 ～ 3.0m/s** として計画される。
- 分流式の下水道において、管きょ内の**必要最小流速**は、比重の大きな土砂が混入する**雨水**管きょに比べて、**汚水**管きょの方が**小さい**。

注意　**・「汚水管きょの方が大きい」は間違い！**

- 管きょの最小口径は、一般に、汚水管きょでは **200mm**、雨水管きょでは **250mm** を標準として計画される。
- **下水本管**への取付管の最小管径は、**150mm** を標準とする。
- 管きょ径が変化する場合の接続方法は、原則として**水面接合**又は**管頂接合**とする。

注意　**・管底接合ではない！**

管頂接合の例

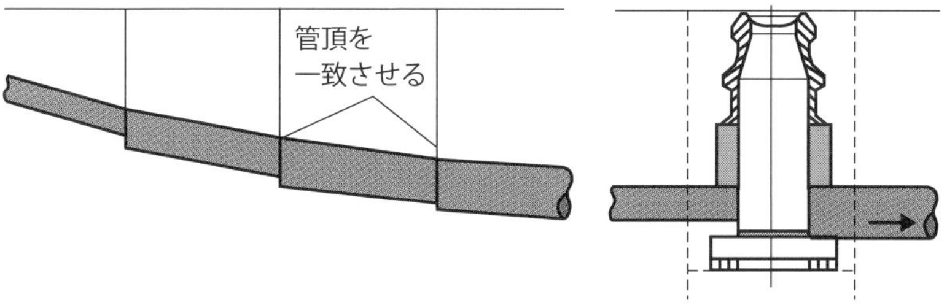

- 伏越し管きょ内の流速は、上流管きょ内の流速よりも**速く**する。
- 分流式の汚水管きょは、合流式に比べれば**小口径**のため、管きょの勾配が急になり埋設が深くなる場合がある。
- 汚水管きょの段差接合において、段差が **0.6m 以上**ある場合は、原則として、**副管**を使用する。

一次

Lesson 03

給水設備（1）

水道直結増圧ポンプの給水量

水が直で来た
（水道直結増圧ポンプの給水量）

一瞬のことさよ
（瞬時最大予想給水量）

水道直結増圧ポンプの給水量は、
瞬時最大予想給水量とする。

■受水タンク給水方式

- 受水タンクの底部には、吸込みピットを設け、ピットに向かって **1/100 程度**の勾配をとる。
- 受水タンクの容量は、一般に、**1 日予想給水量**の 1/2 程度である。

注意 **・時間最大予想供給量ではない！**

- 受水タンクを設ける場合の**高置**タンクの容量は、一般的に、**時間最大予想給水量**に **0.5 ～ 1.0** を乗じた量とする。
- 受水タンクの水抜き管は、間接排水として**排水口空間**《はいすいこうくうかん》を設ける。
- 飲料用受水タンクの上部にやむをえず排水管を通す場合、排水管の下に受け皿を設置し、受水タンクから **1m 以上**離す。
- 受水タンクの保守点検スペースは、上部は **1m 以上**とし、周囲及び下部は **0.6m 以上**とする。
- 受水タンクにおいて、地震時に水面が波動を起こし、水の自由表面が水槽の天井面や側面に衝突する現象を**スロッシング**という。
- 受水タンクには、地震時の対応として**緊急遮断弁**《きんきゅうしゃだんべん》を設ける。

■直結給水方式

・水道直結増圧ポンプの給水量は、**瞬時最大予想給水量**とする。

注意 ・時間平均予想給水量ではない！

・水道直結増圧方式のポンプは、高置タンク方式に比べて、一般に、吐出量は**大きく**なる。

・直結増圧方式の立て管には、断水時に配管内が**負圧**にならないように、最上部に**吸排気弁**を設置する。

給水方式の構造

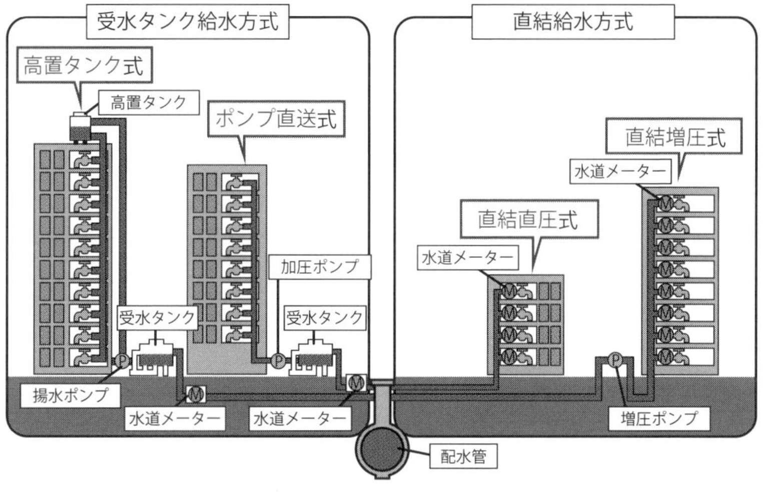

■器具給水負荷単位法

・器具給水負荷単位法で瞬時最大給水量を算定する場合、器具給水負荷単位に**給水用具数**を乗じたものを累計し、同時使用水量図を利用して求める。

プラスアルファ

給水量の計算式

時間平均予想給水量は、１日の予想給水量を１日平均使用時間で除した値で、時間最大予想給水量は、時間平均給水量×（1.5～2.0）[L/h]、瞬時最大予想給水量は、時間最大給水量× 2.0[L/h]で計算される。

一次

Lesson 04 給水設備（2）

給水管内の流速

忍者が
（2.0m/s）

うおーっとハンマー投げて　阻止
（ウォーターハンマー）　　　（防止）

ウォーターハンマー防止等のため、給水管内の流速は2.0m/sを超えないものとする。

■クロスコネクション

- クロスコネクションは、給水系統とその他の系統が、配管・装置により**直接接続される**ことをいい、給水が汚染されるおそれがある。
- クロスコネクション防止対策として、上水管と雑用水管とで、**異なる配管材質**を選定する。
- クロスコネクションの防止対策には、飲料用とその他の配管との**区分表示**のほか、**減圧式逆流防止装置**の使用等がある。

■揚水ポンプ

- 揚水《ようすい》ポンプの吸込揚程は、水温が高くなると**低く**なり、揚水ポンプの吸込み揚程の最大値は、常温の水では**6m 程度**である。
- 揚水ポンプの吐出側の逆止め弁は、揚程が**30m** を超える場合、ウォーターハンマーの発生を防止するため**衝撃吸収式**とする。

■揚水管

・揚水管の横引配管が長くなる場合、水圧の高い**下層階**で横引きをする方が水柱分離を生じにくい。

注意 ・上層階ではない！

■大気圧式バキュームブレーカー

・大気圧式のバキュームブレーカーは、**常時水圧のかからない**配管部分に設ける。

注意 ・常時水圧がかかる配管部分ではない！

大気圧式バキュームブレーカー

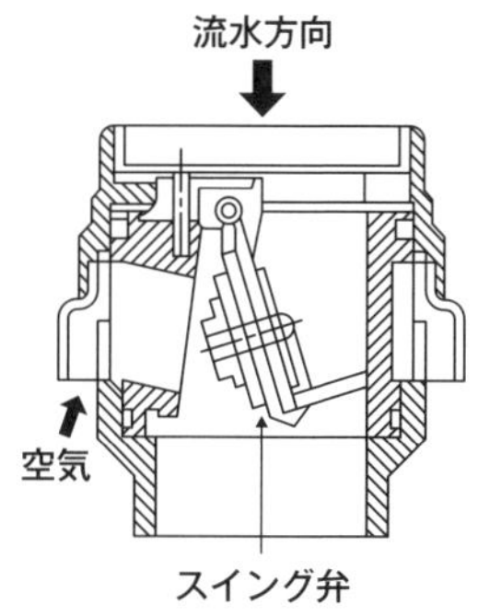

■圧力式バキュームブレーカー等

・圧力式バキュームブレーカーは、**常時水圧がかかる**ブレーカーである。

・配管接続形のバキュームブレーカーは、器具のあふれ縁より**150mm以上**高い位置に設ける。

■ウォーターハンマー

・**水撃《すいげき》作用《さよう》**ともいい、管内を流水中のバルブを急に閉止した場合などに生じる、管内の圧力変動により衝撃などが発生する現象である。

・ウォーターハンマー防止等のため、給水管内の流速は**2.0m/s**を超えないものとする。

注意 ・4.0m/sではない！

プラスアルファ

必要給水圧力

必要とされる給水圧力は、一般水栓で30kPa程度、大便器洗浄弁やシャワー等は、70kPa程度である。

一次

Lesson 05

給湯設備

循環ポンプの揚程

まわって　ポンよ。
（循環ポンプの揚程）

超　　かんぷ　まさつ～
（長い）（管路）　　（摩擦損失）

循環ポンプの揚程は、最遠（最も長くなる）循環管路の配管の摩擦損失を考慮して算定する。

■給湯設備の種類

種類	構成要素
中央式給湯設備	温水器、貯湯《ちょとう》タンク、循環ポンプ、膨張タンク、給湯管　など
局所式給湯設備	湯沸器《ゆわかしき》、給湯管　など

■湯沸器・温水器

- 瞬間湯沸器の１号は、流量 1L/min の水の温度を **25℃**上昇させる能力を表しており、加熱能力は約 **1.74kW** である。
- 住宅のセントラル給湯に使用する瞬間式ガス湯沸器は、冬期におけるシャワーと台所の湯の同時使用、及び、浴槽の湯張り時間を考慮して、一般的に、**24** 号程度の能力が必要である。
- 中央式給湯設備の熱源に使用する**真空式温水発生機**の運転には、法規上ボイラーに該当しないため有資格者を**必要としない**。

■貯湯タンク

・中央式給湯設備の貯湯タンクに接続する配管は、一般的に、還り管は**低い**位置で接続し、往き管は**高い**位置で接続する。

・貯湯タンク内の湯温は、レジオネラ属菌などの繁殖を防止するため、原則として、**60℃以上**とする。

■給湯栓

・給湯栓の吐出圧力は、給湯栓からの補給水槽の**高さ**により定まる。

■給湯管

・中央式給湯設備の返湯管の管径は、一般的に、給湯管の **1/2 程度**とし、循環流量から管内**流速**を確認して決定する。

・給湯管の管径は、主管、各枝管ごとの給湯量に応じて、流速及び許容摩擦損失により決定する。

・給湯管に**銅管**を用いる場合、管内流速が **1.5m/s** 程度以下になるように管径を決定する。

■循環ポンプ

・循環ポンプの揚程は、**最遠**の循環管路の**摩擦損失**を考慮して算定する。

注意　**・最高位の給湯栓の最低必要圧力ではない！**

・中央式給湯設備の循環ポンプの循環量は、循環配管路の**熱損失**と**許容温度降下**により決定する。

・中央式給湯設備の循環ポンプは、強制循環させるため、貯湯タンクの**入口**に設置する。

注意　**・出口ではない！**

■循環方式の勾配

・中央式給湯設備の下向き循環方式の場合、配管の空気抜きを考慮して、**給湯管、返湯管とも先下り勾配とする。**

・**中央式給湯設備の上向き循環方式の場合**、給湯管は**先上り**勾配、返湯管は**先下り**勾配とする。

Lesson 06

排水・通気設備（1）

一次

掃除口の設置間隔

掃除好きな　サンタに
（掃除口）　（30m 以内）

100m 走で抜かされる
（100mm 超える）

管径 100mm を超える排水管の掃除口の設置間隔は、30m 以内とする。

■管径

- 排水管の管径決定において、ポンプからの排水管を排水横主管《はいすいよこしゅかん》に接続する場合は、**器具排水負荷単位**に換算して管径を決定する。
- 排水立て管に対して **45° 以下**のオフセットの管径は、垂直な**排水立て管**とみなして決定してよい。
- 排水立て管の垂直に対して **45° を超える**オフセットの管径は、**排水横主管**として決定する。
- **結合**通気管（通気立て管と排水立て管を結合する通気管）の管径は、通気立て管と排水立て管のうち、いずれか**小さい**方の管径以上とする。
- 定常流量法により通気管径を決定する際には、通気管の実管長に**局部損失**を加えた相当管長から**許容圧力損失**《きょようあつりょくそんしつ》を求める。

■掃除口の設置間隔

- 管径 **100mm を超える**排水管の掃除口の設置間隔は、**30m** 以内とする。

・管径 **100mm** の排水管の掃除口の設置間隔は、**15m** 以内とする。

注意　・30m 以内ではない！

■器具排水負荷単位法

・器具排水負荷単位法によって通気管径を求める場合の通気管長さは、通気管の**実長**とし、局部損失相当長を**加算しなくてよい**。

・器具排水負荷単位は、**洗面器**の排水流量を標準に、器具の同時使用率等を考慮して定められた排水流量の単位である。

注意　・大便器ではない！

■排水口空間

・管径 **65mm** 以上の間接排水管の末端と、間接排水口のあふれ縁との排水口空間は、最小 **150mm** とする。

・**飲料用貯水タンク**の間接排水管の排水口空間は、**管径にかかわらず** 150mm 以上とする。

■トラップ

・トラップ桝は、**50 ～ 100mm** の封水深を確保できるものとする。

・**自己サイホン作用**の防止には、脚断面積比（トラップの流入脚断面積に対する流出脚断面積の比）の**大きな**トラップの方が**小さな**トラップに比べて**有効**である。

・自己サイホン作用を防止するため、器具排水口からトラップウェアまでの垂直距離は **600mm** 以下とする。

■阻集器

・オイル阻集器《そしゅうき》は、洗車の時に流出する**土砂**及び**ワックス類**も阻集できる構造とする。

・工場製造のグリース阻集器は、**許容流量**及び**標準阻集グリース量**を確認した上で選定する。

・グリース阻集器の容量算定には、阻集グリースの質量、**たい積残さ**の質量及び阻集グリースの**掃除周期**を考慮する。

Lesson 07

排水・通気設備（2）

一次

特殊継手排水システム

特殊なシステムに
（特殊継手排水システム）

立てこもり　　げっそり
（排水立て管内流速）（減ずる）

特殊《とくしゅ》継《つぎ》手《て》排水《はいすい》システムには、排水横枝管《はいすいよこえだかん》の流れを排水立て管内に円滑に流入させ、排水立て管内の流速を減ずる効果がある。

■排水横枝管・排水立て管

- 建物の階層が多い場合の1階の**排水横枝管**は、排水立て管に**接続せず**、**単独**で屋外の排水桝に接続する。
- 排水立て管に**45°を超える**オフセットを設ける場合、オフセットの**上下600mm以内**には排水横枝管を接続しない。
- 排水立て管の**垂直**に対して**45°を超える**オフセットの管径は、**排水横主管**として決定する。
- 排水立て管に対して**45°以下**のオフセットの管径は、垂直な**排水立て管**とみなして決定してよい。
- **ブランチ間隔**とは、汚水又は雑排水立て管に接続する**排水横枝管**の**垂直距離**の間隔のことであり、**2.5 m**を超える場合を**1**ブランチ間隔という。
- ブランチ間隔**10**以上を持つ排水立て管は、最上階から数えてブランチ間隔10以内に**結合通気管**を設ける。
- 通気立て管の上部は、管径を**縮小せず**に延長し、大気に開放する。

■伸頂通気方式

- 伸頂通《しんちょうつう》気《き》方式において、**誘導サイホン作用**の防止には、**排水用特殊継手**を用いて管内圧力の緩和を図る方法がある。
- 伸頂通気方式では、高さ **30m** を超える排水立て管の許容流量は、**低減率**を乗じて算出する。
- トラップの誘導サイホン作用の対策のうち、管内圧力を緩和させる方法としては、一般的に、**伸頂通気**方式より**ループ通気**方式のほうが有効である。

自己サイホン作用
衛生器具自身からの排水によってサイホンを形成し、トラップ内の封水が吸引されて流出する作用のこと。

■排水ポンプ

- 排水ポンプの排水量は、排水量が一定に近い場合、毎時平均排水量の **1.2 ～ 1.5** 倍とする。
- 排水ポンプの容量は、排水槽への流入量の変動が著しい場合、**毎時最大排出量**とする。

注意　**・毎時平均排水量ではない！**

■特殊継手排水システム

- 一般的に、伸頂通気方式とした排水立て管をもつ高層の集合住宅などに採用されている。
- 特殊継手排水システムには、排水横枝管の流れを排水立て管内に円滑に流入させ、排水立て管内の流速を**減ずる**効果がある。

注意　**・高める効果ではない！**

水中モーターポンプ（汚水用と汚物用）
汚水用水中モーターポンプは、固形物をほとんど含まない排水に用いられる。一方、汚物用水中モーターポンプは、固形物を含む排水に用いられ、それに適したノンクロッグ形ポンプ、ボルテックス形ポンプ等を用いる。

一次

Lesson 08 消火設備

不活性ガス消火設備

部活がなくなり
（不活性ガス消火設備）

息苦しい
（窒息効果）

不《ふ》活性《かっせい》ガス消火設備は、不活性ガスを放出し、空気中の酸素の容積比を低減する窒息効果により消火する。

■消火原理

・消火設備の消火原理には、温度に対する**冷却効果**、酸素に対する**窒息効果**、連鎖反応に対する**抑制効果**がある。

水噴霧消火設備	水蒸気による**窒息**効果、水の放射による**冷却**効果
泡消火設備	燃焼物を泡の層で覆った**窒息**効果、**冷却**効果
不活性ガス消火設備	主に酸素の容積比を低下させる**窒息**効果
粉末消火設備	**抑制**効果、**窒息**効果、**冷却**効果
ハロゲン化物消火設備	窒素化合物の化学反応による**抑制**効果

■不活性ガス消火設備

・不活性ガス消火設備は、不活性ガスを放出し、空気中の**酸素**の容積比を低減する**窒息効果**により消火する。

注意　**・ガス成分の化学反応による負《ふ》触媒《しょくばい》効《こう》果《か》により消火するものではない！**

- 不活性ガス消火設備に用いる消火剤の種類には、二酸化炭素、窒素、IG-55、IG-541がある。
- 全域放出方式又は局所放出方式の不活性ガス消火設備の非常電源は、当該設備を有効に**1時間**作動できる容量以上とする。

注意　・30分間ではない！

- 常時人がいる部分には、全域放出方式又は局所放出方式の不活性ガス消火設備を**設けてはならない。**
- 不活性ガス消火設備を設置する防護区画には、その放出された消火剤及び燃焼ガスを安全な場所に**排出**するための措置を講ずる。
- 不活性ガス消火設備を設置する防護区画が2以上あり、貯蔵容器を**共用**する場合は、防護区画ごとに**選択弁**を設けなければならない。
- ボイラー室その他多量の火気を使用する室に不活性ガス消火設備を設置する場合の消火剤は、**二酸化炭素**とする。

■1号消火栓

- 1号消火栓は、通常**2人**により操作を行う。
- 1号消火栓の起動装置は、**直接**操作できるものであり、かつ、屋内消火栓箱の内部又はその直近の箇所に設けられた操作部から**遠隔操作できる。**

■易操作性1号消火栓

- 易《い》操《そう》作《さ》性《せい》1号消火栓のノズルは、棒状放水と噴霧放水の**切換え**ができる。
- 易操作性1号消火栓は、防火対象物の階ごとに、その階の各部からの水平距離が**25m以下**となるように設ける。

	1号消火栓	易操作性1号消火栓	2号消火栓	広範囲型2号消火栓
操作人数	**2人**操作	**1人**操作	**1人**操作	**1人**操作
水平距離	**25m**以内	**25m**以内	**15m**以内	**25m**以内
ポンプの起動	**押しボタン**	**弁**または**ホース**と連動	**弁**または**ホース**と連動	**弁**または**ホース**と連動

一次

Lesson 09 ガス設備

都市ガスの燃焼速度

都市の　エースより
（都市ガス）（Aより）

She(彼女) の方が　足が速い
（Cの方が）（燃焼速度が速い）

都市ガスの種類A･B･Cでは、燃焼速度はA･B･Cの順で速くなる。

■液化石油ガス（LPG）

・液化石油ガスは、圧力調整器によりガス容器（ボンベ）の中の高い圧力**0.4～1.2MPa程度**を、**2.3～3.3kPa程度**に減圧して燃焼機器に供給される。

注意　**・10kPa程度に減圧するのではない！**

・液化石油ガス設備で用いられる配管は、**0.8MPa以上**で行う耐圧試験に合格したものとする。

・内容積が20L以上の液化石油ガスの容器を設置する場合は、容器の設置位置から**2m以内**にある火気を**遮《さえぎ》る措置**を行う。

・一般消費者等に供給される液化石油ガスは、「い号」、「ろ号」、「は号」に区分され、「い号」が最もプロパン及びプロピレンの合計量の含有率が**高い**。

注意　**・「い号が最も含有率が低い」は間違い！**

・液化石油ガス設備士でなければ、液化石油ガス配管の気密試験の作業に従事**できない**。

・液化石油ガスのガス漏れ警報器の検知部は、ガス機器から水平距離**4m以内**で、かつ検知部の上端が床面より**0.3m以内**に設置する。

■液化天然ガス（LNG）

・液化天然ガスには、通常、一酸化炭素は**含まれていない。**

・液化天然ガスは、無色・無臭の液体であり、硫黄分やその他の不純物を**含んでいない。**

・液化天然ガスは、灯油に比べて、単位発熱量当たりの二酸化炭素発生量が**少ない。**

■都市ガス

・都市ガスに供給される液化天然ガスは、メタンを主成分とする天然ガスを冷却して液化したものである。

・都市ガスの種類A・B・Cでは、燃焼速度はA・B・Cの順で**速く**なる。

注意　**・「Cが最も遅い」は間違い！**

・都市ガスのガス漏れ警報器を天井部分に設置する場合は、警報器の下端は天井面の下方**30cm以内**に設置する。

・都市ガスのガス漏れ警報器は、天井面が**0.6m以上**の梁等により区画されている場合は、燃焼器等側に設置する。

・特定地下室等に空気より比重の小さい都市ガスのガス漏れ警報器を設置する場合、導管の外壁貫通部より**8m以内**に設置する必要がある。

・都市ガスの種類において、13Aは**LNG**を主体として製造されたガスである。

・都市ガスの発熱量は、一般的に、**総発熱量（高発熱量）**で表示される。

・都市ガスの供給において、ガス消費量が多い熱源機器を使用する施設には**中圧供給方式**とする場合がある。

■供給ガスの発熱量

・供給ガスの発熱量として用いられるのは、低発熱量（総発熱量から水蒸気の蒸発潜熱を差し引いたもの）ではなく**総発熱量（高発熱量）**である。

プラスアルファ

LNGの比重

常温、常圧で気化した状態の液化天然ガス（LNG）の比重は、同じ状態の液化石油ガス（LPG）の比重より小さい。

一次

Lesson 10

浄化槽設備（1）

浄化槽

ジョーカーが　雨の中
（浄化槽）　（雨水）

特別な後輩と水入らず
（特殊）（工業廃水入らない）

浄化槽は、水洗便所のし尿、雑排水を処理する施設で、雑排水に工業廃水、雨水、特殊な排水は入らない。

■浄化槽

- 浄化槽は、便所と連結して**し尿**及びこれと併せて**雑排水**（**工業廃水**、雨水その他の特殊な排水を**除く。**）を処理し、終末処理下水道以外に放流するための設備又は施設である。
- 浄化槽は、生物化学的処理において**生物膜《せいぶつまく》法**と**活性《かっせい》汚《お》泥《でい》法**に大別される。
- 浄化槽は、積雪寒冷地を除き、**車庫**、**物置**等の建築物内への設置は**避ける。**
- 浄化槽の消毒には、一般的に、次亜塩素酸カルシウム錠、塩素化イソシアヌール酸錠等の**固形塩素剤**が使用される。

■接触ばっ気方式の浄化槽

- 接触ばっ気方式は、流入水が高負荷の場合、生物膜の肥厚が早くなるため接触材間が閉塞しやすく、長時間ばっ気方式に比べて浄化機能を**保ちにくい。**
- 出現する生物の種類が多く、比較的大型の生物が発生するため、長時間ばっ気方式に比べて汚泥発生量はやや**少なく**なる。
- **生物膜のはく離**と**移送**が生物管理の主たる作業となるため、長時間ばっ気方式に比べて生物管理は**容易**である。

・接触材に生物が付着しているため、長時間ばっ気方式に比べて水量変動の影響は**あまり受けない**。

■小型浄化槽

・小型浄化槽とは、浄化槽の構造方法を定める告示に示された処理対象人員が**30人以下**の浄化槽。

小型浄化槽のフローシート

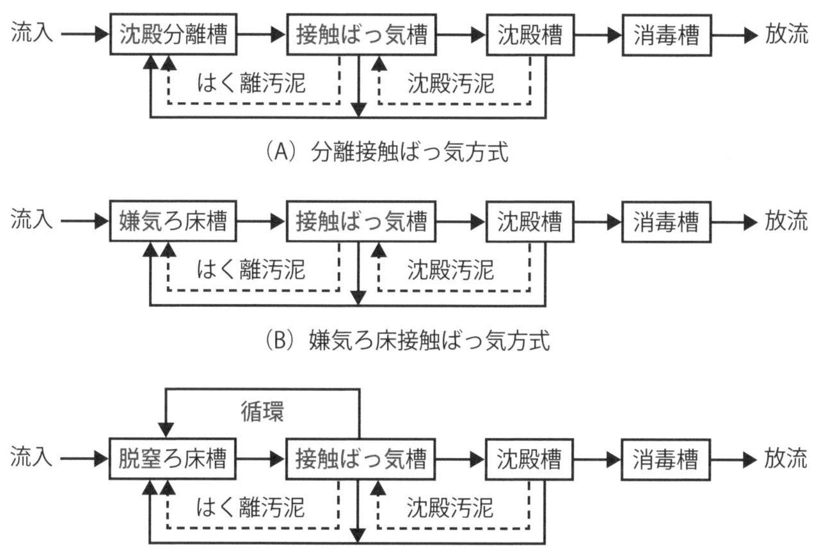

（A）分離接触ばっ気方式
（B）嫌気ろ床接触ばっ気方式
（C）脱窒ろ床接触ばっ気方式

■ FRP（Fiber-Reinforced Plastics）製浄化槽

・地下水位が高い場所に設置する場合は、浄化槽本体の浮上防止対策を講ずる。

・浄化槽の水平は、水準器、槽内に示されている水準目安線等で確認する。

・浄化槽本体の設置にあたって、据付け高さの調整は、**砂利**または**コンクリート**を用いて行う。

注意　**・山砂を用いて行わない！**

・浄化槽の設置工事を行う場合は、浄化槽設備士が実地に監督する。

一次

Lesson 11 浄化槽設備（2）

BOD除去率

ぼーっとのぞくと　入っては出て
（BOD除去率）　（流入－放流（出））

また入るしゃくとりむし
（流入×100%）

BOD除去率は、流入水のBOD濃度−放流水のBOD濃度の値を、流入水のBOD濃度の値で除したものに×100［%］をして求められる。

■処理対象人員の算定

- 事務所の処理対象人員は、**延べ面積**に、**業務用厨房設備**の有無により異なる定数を乗じて算定する。
- 業務用厨房設備を設ける事務所の処理対象人員は、延べ面積［m^2］に**0.075**を乗じて算出する。
- 業務用厨房設備を設けない事務所の処理対象人員は、延べ面積［m^2］に**0.06**を乗じて算出する。
- 病院の処理対象人員は、**ベッド数**を用いて算定する。
- 飲食店の処理対象人員は、**延べ面積**に定数を乗じて算定する。
- 戸建て住宅の処理対象人員は、住宅の**延べ面積**により**5人又は7人**に区分される。

注意 ・**3人又は6人ではない！**

- 戸建て住宅の処理対象人員は、台所が2か所以上でかつ浴室が2か所以上の場合は、**10人**で算定される。

- 喫茶店の処理対象人員は、**延べ面積**に定数を乗じて算定する。

注意 **・席数ではない！**

- 高速道路のサービスエリアの処理対象人員は、**駐車ます数**にサービスエリアの機能別に異なる定数を乗じて算定する。
- 駅・バスターミナルの処理対象人員は、**乗降客数**に定数を乗じて算定する。
- ホテルの処理対象人員は、延べ面積に**結婚式場**又は**宴会場**の有無により異なる定数を乗じて算定する。
- 公衆便所の処理対象人員は、**総便器数**に定数を乗じて算定される。

注意 **・利用想定数ではない！**

- 小学校・中学校の処理対象人員は、**定員**に定数を乗じて算定する。
- 用途の異なる 2 棟の建築物で共用する浄化槽を設ける場合の処理対象人員は、それぞれの建築用途の算定基準を適用**加算**する。

■浄化槽の BOD 計算

$$\text{BOD 除去率} = \frac{\textbf{流入水の BOD 濃度} - \textbf{放流水の BOD 濃度}}{\textbf{流入水の BOD 濃度}} \times 100 \ [\%]$$

流入水の BOD 濃度

$$= \frac{\textbf{汚水の流入水の BOD 濃度} \times \textbf{汚水の流入水量} + \textbf{雑排水の流入水の BOD 濃度} \times \textbf{雑排水の流入水量}}{\textbf{汚水の流入水量} + \textbf{雑排水の流入水量}}$$

BOD 濃度［mg/L］、流入水量［m^3/ 日］

放流水の BOD 濃度

＝**流入水の BOD 濃度**×（1 － **BOD 除去率** /100）

BOD 濃度［mg/L］、BOD 除去率［%］

一次

Lesson 01 空気調和機

ユニット形空気調和機の加熱コイル

ユニ〜クな　**冗談は**
（ユニット形空気調和機）（蒸気コイル）

冷たい人には　**合わない**
（冷却コイル）　（兼用できない）

ユニット形空気調和機の加熱コイルについて、蒸気コイルと冷却コイルとは、通過する流体が異なるので兼用することができない。

■ユニット形空気調和機の構成等

- ユニット形空気調和機は、エアフィルター、冷却減湿コイル、加熱コイル、加湿器、エリミネーター、送風機及びケーシング等から構成される。
- 冷却コイルには、5～7℃の冷水又は冷媒を供給する。
- 冷却コイルは、コイル面通過風速を2.0～3.0m/sで選定し、コイル面の凝縮した水滴の**飛散**が多くならないようにする。
- 加熱コイルには、低圧蒸気または45～80℃の温水を供給する。
- 加熱コイルには**温水**コイルと**蒸気**コイルがあり、**温水**コイルは冷却コイルと**兼用することができる**が、蒸気コイルと冷却コイルとは、通過する流体が異なるので**兼用することができない**。

ユニット形空気調和機

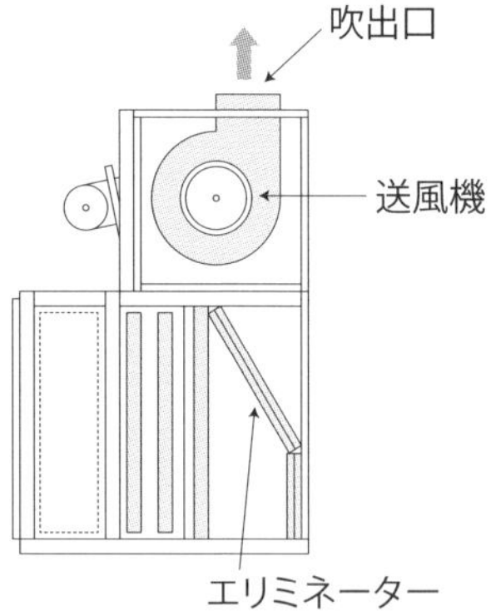

注意　・「蒸気コイルは冷却コイルと兼用できる」は間違い！

・**エリミネーター**は、水噴《みずふん》霧《む》加湿による水滴等が送気ダクト内に持ち込まれるのを防ぐ装置。

・ユニットの運転は、室内等に設ける**サーモスタット**、**ヒューミディスタット**により室内加湿度を検出し、コイルの供給熱量や加湿量を制御する。

■デシカント空気調和機

・ユニット形空気調和機の種類の１つ。

・デシカントローターで高温の排気と給気とを熱交換する際に供給空気の**湿度**を除去し、**乾燥**した空気を給気する。

デシカント除湿ローターを用いたシステム

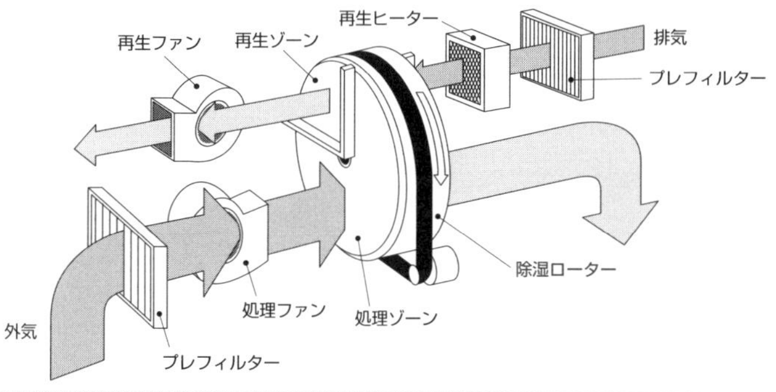

■マルチパッケージ形空気調和機

・マルチコントローラーと**電子流量調節弁**との組み合わせで各ユニットに必要な冷媒を分流させる。

・冷房暖房同時型は、冷房運転時に発生する**排熱**を暖房運転中の屋内機に利用することで高い省エネルギー効果が得られる。

プラスアルファ

空気調和機の機内に設ける加湿装置

気化方式の加湿装置では、加湿後の空気の温度は降下する。また、加湿前の空気が低温度で高湿度であるほど、蒸発しにくくなり、加湿量が少なくなる。一方、水噴霧方式の加湿装置では、加湿水の中に含まれるカルシウムなどの硬度成分が機内に放出される。

一次

Lesson 02 冷凍機

アプローチ

アフロで　突入して音頭
（アプローチ）（空気入口湿球温度）

冷たい客は出口へいく　さ
（冷却水出口）　　　　　　（差）

アプローチとは、空気入口湿球温度と冷却水出口の温度の差である。

■圧縮式冷凍機

- 圧縮機の構造により、**遠心**式（ターボ式）、往復動式（レシプロ式）、**スクリュー**式、スクロール式などに分けられる。

■遠心冷凍機

- 圧縮式冷凍機の一種で、往復動冷凍機に比べて、負荷変動に対する追従性がよく、容量制御も容易である。
- 吸収冷凍機に比べて、大きさや重量は**小さい**が高周波騒音は**大きい**。
- 遠心冷凍機には低圧冷媒又は高圧冷媒を使用する機器があり、低圧冷媒を使用する機器は一般的な空調条件では高圧ガス保安法の適用を**受けない**。

■スクリュー冷凍機

- 圧縮式冷凍機の一種で、高圧縮比でも**体積効率**がよいため、空気熱源ヒートポンプとして多く用いられている。

■往復動冷凍機

- 圧縮機に**ピストン・シリンダー**機構を使用する冷凍機。
- 古くから使用されてきたが、最近はロータリー、スクロール、スクリュー圧縮機がよく使われるようになっている。
- 他の冷凍機に比べて振動が**大きい**。

■吸収冷凍機

- 吸収冷凍機は機内が**大気圧以下**であるが、加熱源に蒸気又は高温水を用いる場合は、「ボイラー及び圧力容器安全規則」が適用される。

遠心冷凍機と比べると…

- 凝縮器のほかに吸収器も冷却するので、冷却塔の容量が**大きく**なる。
- 騒音、振動が**小さく**、消費電力量が**少ない**。ただし、装置が**大型**になる。
- 一般的に、運転開始から定格能力に達するまでの時間が**長い**。

■二重効用吸収冷凍機

- 二重効用型の冷凍サイクルは、**再生器**及び**溶液熱交換器**が高温と低温にそれぞれ分かれている。
- 二重効用吸収冷凍機は、高圧蒸気により**高温**再生器を加熱し、高温再生器で発生した**冷媒蒸気**をさらに**低温**再生器の加熱に用いる構造である。

注意　**・低温再生器を加熱して高温再生器の加熱に用いるのではない！**

■冷却塔

- 冷凍機の凝縮器を冷却するために冷却水が冷凍機から吸熱した熱を、大気に**放熱**するための装置。
- 密閉式冷却塔は、熱交換器などの空気抵抗が**大きく**、開放式冷却塔に比べて送風機動力が**大きく**なる。
- 開放式冷却塔で使用される送風機には、風量が大きく静圧が小さい**軸流**送風機が使用される。
- 冷却塔の微小水滴が気流によって塔外へ飛散することを**キャリーオーバー**という。
- 冷却塔の冷却水入口温度と出口温度の差を**レンジ**という。
- 冷却塔の空気入口湿球温度と冷却水出口の温度の差を**アプローチ**という。

第6章　機材・配管

一次

Lesson 03

ボイラー

炉筒煙管ボイラー

路頭に迷うぼくら　水は持ってる、
（炉筒煙管ボイラー）　（保有水分量多い）

高い水はいらないよ
（高度な水処理不要）

炉《ろ》筒《とう》煙《えん》管《かん》ボイラーは、貫流《かんりゅう》ボイラーに比べ、保有水量が多いため予熱時間が長い。濃縮しにくいため高度な水処理は不要である。

■ボイラーの種類

種類	形式
丸ボイラー	立てボイラー・立て煙管ボイラー、炉筒ボイラー、煙管ボイラー、**炉筒煙管**ボイラー　など
水管ボイラー	自然循環式水管ボイラー、強制循環式水管ボイラー、**貫流**ボイラー
鋳鉄製ボイラー	**鋳鉄製**組合せボイラー
特殊ボイラー	廃熱ボイラー、特殊燃料ボイラー、熱媒ボイラー、その他（電気ボイラーなど）

※鋳鉄製ボイラー以外のボイラーは鋼鉄で造られている。

- ボイラー本体は、ガスや油の燃焼を行わせる**燃焼室**と、燃焼ガスとの接触伝熱によって熱を吸収する**対流伝熱面**で構成される。

■鋳鉄製ボイラー

・鋳鉄製《ちゅうてつせい》ボイラーは、鋼製ボイラーに比べて急激な温度変化に**弱く**、高温、高圧、大容量のものの製作が**不可能**である。

注意 **・高温、高圧、大容量のものの製作が可能ではない！**

・鋳鉄製ボイラーは、分割搬入が可能で、鋼板製に比べて、**耐食性**が優れている。

■炉筒煙管ボイラー

・炉筒煙管ボイラーは、胴内部に炉筒（燃焼室）と多数の煙管を配置したもので、胴内のボイラー水は煙管内を通過する燃焼ガスで加熱される。

貫流ボイラーと比べると…

・炉筒煙管ボイラーは、煙管群内に燃焼ガスを対流させる加熱方式であるが、**貫流**ボイラーに比べ、**保有水量**が多いため予熱時間が**長い**。

注意 **・予熱時間は短くない！**

・負荷変動に対して**安定**している。

・**濃縮しにくい**ので、高度な水処理が**不要**である。

■貫流ボイラー

・蒸気ドラム、水ドラムがなく、管系だけで構成され、高圧ボイラーに適している。

炉筒煙管ボイラーと比べると…

・蒸発量に対する保有水量が**少なく**、ボイラー水の濃縮度が**大きい**ため、高度な水処理が**必要**である。

・負荷変動に対して**不安定**である。

・小型貫流ボイラーは、保有水量が少ないため、予熱時間、起動時間が**短い**。

プラスアルファ

真空式温水発生機

真空式温水発生機は、運転中の内部圧力が大気圧より低いため、労働安全衛生法に規定されるボイラーに該当せず、取扱いにボイラー技士の資格は不要である。

一次

Lesson 04

ポンプ

ポンプの軸動力と揚程

ポンと動いて　参上、
（ポンプの軸動力）　（3乗）

よう、ていねいに、ジョー
（揚程）　　　　　　　（2乗）

ポンプの軸動力は回転速度の 3乗に比例し、揚程は回転速度の 2乗に比例する。

■ポンプの種類

ターボ形	遠心ポンプ	渦巻ポンプ、ディフューザーポンプ
	斜流ポンプ	―――
	軸流ポンプ	―――
容積形	往復ポンプ	ピストンポンプ、プランジャポンプ、ダイヤフラムポンプ
	回転ポンプ	歯車ポンプ、ねじポンプ、ベーンポンプ
特殊形	渦流ポンプ、エアリフトポンプ、水撃ポンプ、ジェットポンプ、電磁ポンプ、粘性ポンプ	

■遠心ポンプ

- 遠心ポンプとは、遠心力を利用したポンプをいう。
- 遠心ポンプは、締切り動力が低く、水量の増大に伴い軸動力は**増加**する特性を有している。

注意　・軸動力は減少しない！　増加する！

- ポンプの軸動力は回転速度の **3 乗**に比例し、揚程は回転速度の **2 乗**に比例する。
- 吐出し量は、ポンプの羽根車の直径が変わった場合、羽根車の出口幅が一定であれば、直径の変化の **2 乗**に比例して変化する。
- **渦巻ポンプ**の渦巻ケーシングは、スロート部から吐出し口にかけて流速を緩やかに減速して速度エネルギーを圧力エネルギーに変換している。
- ポンプ及び配管系に外部から強制的な力が与えられていないにもかかわらず、管路の流量と圧力が周期的に変動する現象を**サージング**という。

注意　・キャビテーションではない！

プラスアルファ

キャビテーション
なんらかの原因でポンプや配管内の水圧が低下し、気泡が生じる現象。ポンプの羽根車入口部等で局部的に生じる場合があり、騒音や振動の原因となる。

■ポンプの 2 台運転

直列運転

- 同一配管系で、同じ特性の 2 台のポンプを**直列**運転して得られる**揚程**は、ポンプを単独運転した場合の揚程の **2 倍より小さく**なる。

並列運転

- 同一配管系で、同じ特性の 2 台のポンプを**並列**運転して得られる**吐出量**は、ポンプを単独運転した場合よりも増えるが、吐出量の増加に伴い**抵抗**も増えるため、**2 倍より小さく**なる。

注意　・単独運転した場合の 2 倍にはならない！

ポンプ単独運転と 2 台直列運転の吐出量と揚程の関係

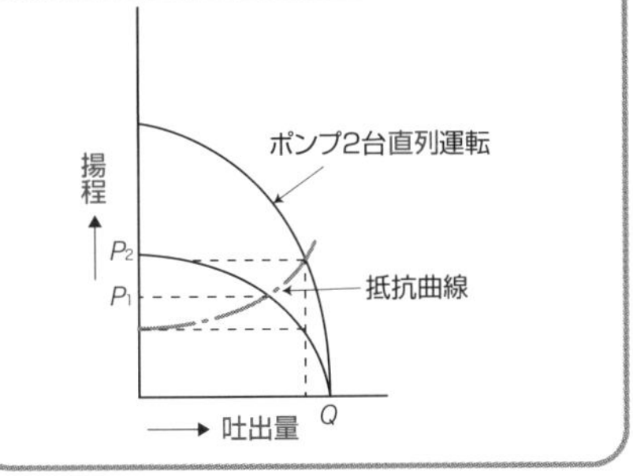

ポンプ単独運転と 2 台並列運転の吐出量と揚程の関係

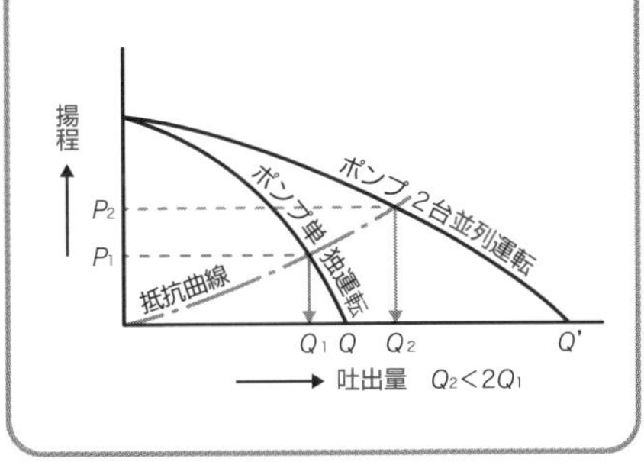

一次

Lesson 05 送風機

後向き羽根送風機

後ろ向きって、
（後向き羽根送風機）

圧があるわね
（高圧力）

後向き羽根送風機は、高圧力を必要とする場合に適している。

■送風機の種類

・送風機とは、気体（主に空気）を搬送する流体機器のことで、羽根車の構造から、軸流《じくりゅう》式、斜流《しゃりゅう》式、遠心式、横流《おうりゅう》式などに分類される。

送風機の種類

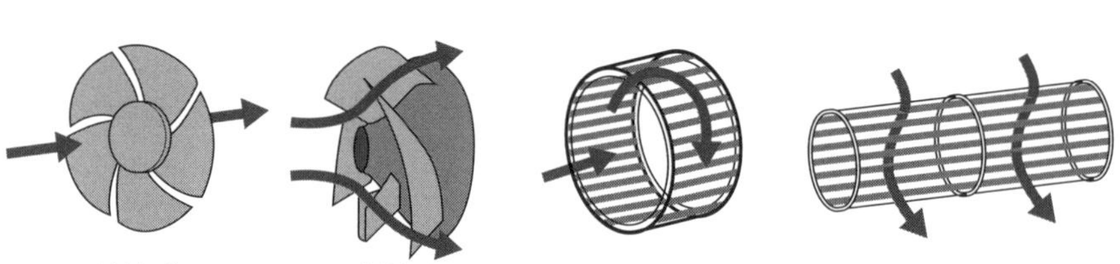

軸流式　斜流式　遠心式　横流式

■多翼送風機

・**高い圧力**を出すことは**できない**が、他の遠心送風機に比べて、**小型**で**大風量**を扱うことができるため、空調用として広く用いられる。
- 多翼送風機の軸動力は、風量の増加とともに**増加**する。

多翼送風機の羽根形状

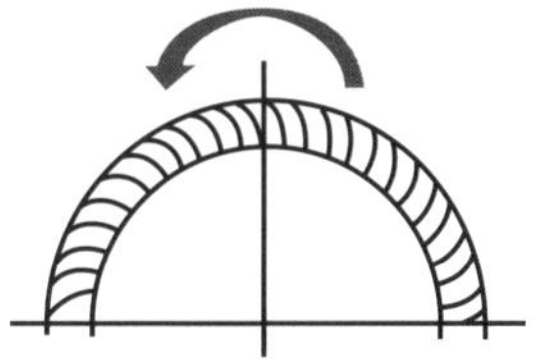

前向き羽根

■後向き羽根送風機
- 遠心送風機の１つで、後向き羽根をもつ構造の送風機。
- 後向き羽根送風機は、羽根形状などから多翼送風機に比べ**高速回転**が可能。
- **高圧力**を必要とする場合に**適している。**

後向き羽根送風機の羽根形状

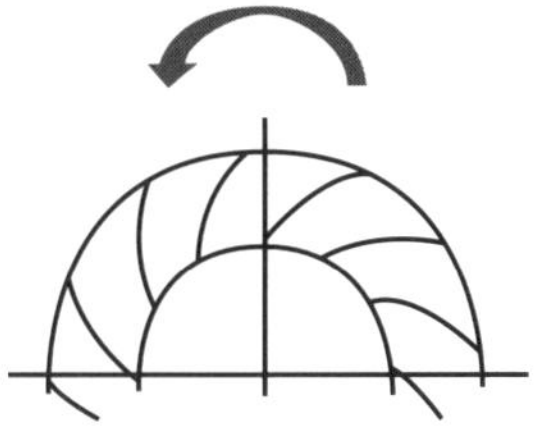

後向き羽根

■横流送風機
- 横流送風機は、羽根車の軸方向の長さを変えることで風量の増減が可能で、エアカーテン等に利用される。

■軸流送風機
- 軸流送風機は、**低圧力・大風量**に適した送風機であり、**高圧力**を必要とする場合に**適していない。**
- 軸流送風機にはプロペラ型、チューブラ型、ベーン型があり、この中では、ベーン型が最も効率がよく、高圧力に対応できる。

注意　**・高圧力に対応できるのはプロペラ型ではない！**

■斜流送風機
- 斜流送風機の軸動力は、風量の変化に対してほぼ変わらず、圧力曲線の山の付近で最大となる**リミットロード**特性を持つ。
- 斜流送風機は、羽根車の形状や風量・静圧特性が遠心式と軸流式のほぼ**中間**に位置している。

プラスアルファ

リミットロード特性
リミットロード特性とは、軸動力は風量の増加に伴って無制限に増加しないという特性のこと。

一次

Lesson 06 空気清浄装置

静電式の空気清浄装置

静かな　風でも
（静電式）（面風速）

速すぎると　　　捕まえられない
（風速が大きくなると）（粉じん捕集率低下）

静電式の空気清浄装置の粉じん捕集率は、面風速の大小に左右され、面風速が大きくなると、粉じん捕集率が低下する。

■空気清浄装置

・空調空気中の**粉じん**や**臭気**などの汚染物質を除去し、空気を浄化する装置。

・空気清浄装置には、粉じん用エアフィルター、中性能エアフィルター、高性能エアフィルター、電気集じん器、**超高性能**エアフィルター（例：HEPA フィルター）、活性炭フィルターなどが用いられている。

■自動巻取形フィルター

・自動巻取形フィルターは、粉じん用エアフィルターの一種で、タイマーや前後の差圧により電動機を駆動して、**ロール状**に巻いたろ材を自動的に巻き取る機構となっている。

■ HEPA フィルター

・HEPA フィルターは、**超高性能**のフィルターで、ろ材の目が**細かい**。

・捕集した粉じんによる圧力損失の上昇が早いため、一般的に、粗じん用のプレフィルターを設ける。

・HEPA フィルターは、ろ材面積を**広く**することにより、ろ材の通過風速を遅くしており、**クリーンルーム**などの超高度の空気清浄用に使用される。

注意　**・ろ材面積を狭くすることではない！**

■活性炭フィルター

・活性炭フィルターは、素材の細孔を利用し、空気中に含まれる臭気成分ガスを除去するものである。
・脱臭フィルターとして使用される。

■空気清浄装置の浄化原理による分類

ろ過式	・ろ過式空気清浄装置には**ユニット形**と**自動巻取形**がある。 ・ろ材は、難燃性または不燃性で、吸湿性が**少ない**こと、粉じん保持容量が**大きい**こと、空気抵抗が**少ない**ことなどの特性が求められる。
静電式	・静電式の空気清浄装置は、高圧電界による荷電及び吸引付着力により粉じんを除去するものである。 ・比較的**微細**な粉じんの除去に使用される。 ・静電式の空気清浄装置の粉じん捕集率は、面風速の大小に**左右される**。 **注意**　**・左右されないは間違い！** ・風速が大きくなると粉じん捕集率が低下する。
衝突粘着式	・粘着剤を塗った金網や金属板等に、粉じんを衝突付着させて捕集するもので、比較的大きな粉じんを捕集する際に用いられる。
吸着法	・活性炭のような**吸着剤**によって有毒ガスや臭気を除去する。 ・活性炭は、ガスの分子量の大きさによって吸着率に差があり、SO_2 などの比較的分子量が大きいガスは効率がいいが、CO や NO などはほとんど**吸収されない**。

一次

Lesson 07 配管材料

排水用硬質塩化ビニルライニング鋼管

水を捨てて　ランニング
（排水用硬質塩化ビニルライニング鋼管）

ええ、むり、でもつなげる！
（MD　継手）

排水用硬質塩化ビニルライニング鋼管の接合には、MD継手などのメカニカル継手が用いられる。

■配管の分類

- 建築設備に用いられる配管は、用途により冷水管、温水管、冷温水管、冷却水管、蒸気管、給水管、給湯管、排水管などに分類される。
- 材質により、**金属管**と**非金属管**（合成樹脂管）に大別される。

■配管用炭素鋼鋼管

- 配管用炭素鋼鋼管《はいかんようたんそこうこうかん》は、製造方法によって鍛接《たんせつ》（圧接すること）鋼管と電気抵抗溶接鋼管（電縫鋼管《でんほうこうかん》）があり、最高使用圧力は**1MPa**が目安である。
- 金属めっきを施していない**黒管**と、耐食性を高めるため亜鉛めっきを施した白管がある。
- 配管用炭素鋼鋼管の使用に適した流体の温度は、**−15～350℃**程度である。

■圧力配管用炭素鋼鋼管

- 圧力配管用炭素鋼鋼管は、**350℃以下**の蒸気や高温水等の圧力の**高い**配管に使用され、**スケジュール**番号により管の**厚さ**が区分されている。

■水配管用亜鉛めっき鋼管

- 配管用炭素鋼鋼管（黒管）に、溶融**亜鉛めっき**を施した管で、最高使用圧力は1.0MPa以下で水道用及び給水用以外の水配管に使われる。
- 配管用炭素鋼鋼管（白管）よりも、**亜鉛**付着量が多く、**耐食性**に優れ、良質なめっき層を施している。

■水道用硬質塩化ビニルライニング鋼管

- 合成樹脂ライニング鋼管の一種。
- 水道用硬質塩化ビニルライニング鋼管の使用に適した流体の温度は、**40℃以下**である。

注意　・60℃以下ではない！

■排水用硬質塩化ビニルライニング鋼管

- 合成樹脂ライニング鋼管の一種で、軽量化のため管の厚さの**薄い**鋼管を使用している。
- 鋼管にねじ加工を施すように**できていない**ので、ねじ込み式排水管継手は**使用できない**。
- 接合には、排水鋼管用可とう継手（**MD継手**）などの**メカニカル継手**が用いられる。

MD継手の例

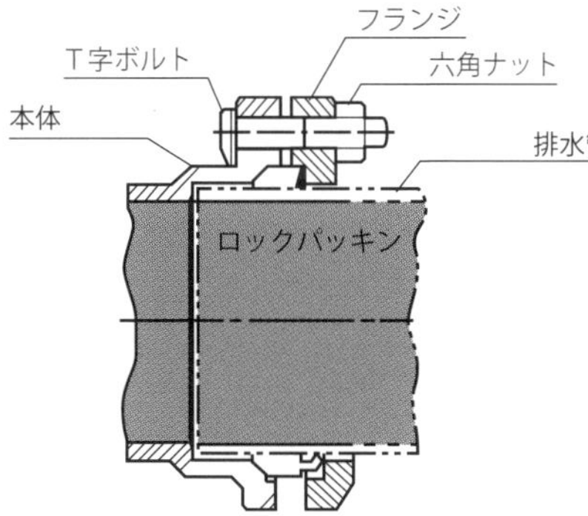

■架橋ポリエチレン管

- 架橋ポリエチレン管は、中密度・高密度ポリエチレンを架橋反応させることで、**耐熱**性、**耐クリープ**性を向上させた管である。

プラスアルファ

クリープ
クリープとは、持続応力を受けた物体が時間経過とともに変形する現象のこと。

一次

Lesson 08

配管付属品（1）

定水位調整弁

一定水準の弁当って、
（定水位調整弁）

副菜もいいけど　主食よね
（副弁作動）　（主弁作動）

フロート分離型の定水位調整弁は、フロートの作動により副弁を作動させることにより、主弁を作動させて、給水を開始又は停止する弁である。

■弁の種類

・一般用のバルブとしては、以下のような種類がある。

種類	特徴
仕切弁	・流体の通路を弁体で**垂直**に遮断する。 ・リフトが長い構造なので、手動操作に開閉時間を要する。 ・全開時は開度が口径と同じになるため、流体の圧力損失が**小さい**。 ・半開の状態で使用すると弁体の背面に渦流を生じ、振動を生ずることがあるので、**全開**または全閉で使用する。
玉形弁	・リフトが**小さい**ので開閉時間が**短く**、**半開**でも使用することができる。 ・仕切弁に比べて流体の圧力損失が**大きい**。
バタフライ弁	・バタフライ弁に用いられる弁体は**円板状**であり、構造が簡単で取付けスペースが**小さい**。

ボール弁	・球をくり抜いた構造の弁体で、弁体を90度回転させることにより開閉する。 ・水密性が**高く**、流体抵抗が**小さい**。

各種バルブの例

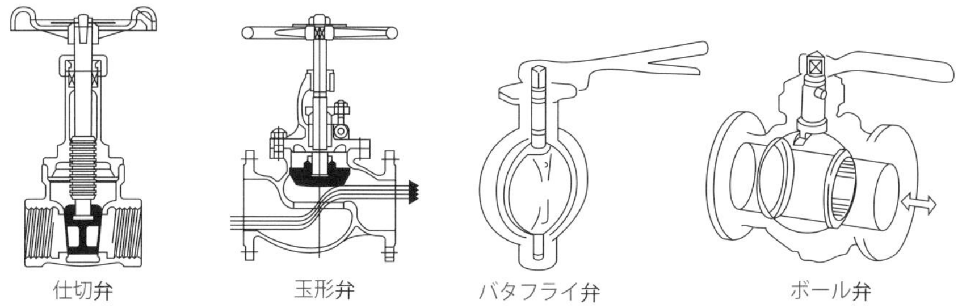

■衝撃吸収式逆止め弁

・リフト逆止め弁にばねと案内傘を内蔵した構造で、高揚程のポンプの吐出し側配管に使用される。
・**ウォーターハンマー**の防止になる。

衝撃吸収式逆止め弁の例

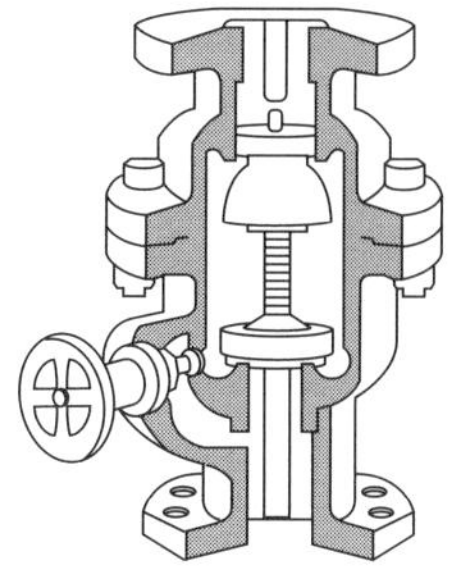

■定水位調整弁

・フロート分離型の定水位調整弁は、フロートの作動で**副弁を作動**させることにより、**主弁を作動**させて、給水を開始又は停止する弁である。

注意　**・副弁から給水を開始するのではない！**

■圧力調整弁

・弁の一次側の圧力を**一定に保つ**目的で、ポンプの**バイパス弁**などに使用される。

■温度調整弁

・通過流体の量を調整して、貯湯槽内の温水温度を**一定に保つ**目的で使用される。

プラスアルファ

定流量弁
・定流量弁は、送水圧力の変動が生じた場合においても流量を一定に保つ目的で、ファンコイルユニットなどに使用される。

一次

Lesson 09

配管付属品（2）

ロックウールとグラスウール

ロックでウルウル
（ロックウール）

グラグラするけど　熱に耐えられる
（グラスウールより）　（耐熱性高い）

ロックウール保温材は、グラスウール保温材より使用温度の上限が高い。

伸縮管継手

- 温度変化に伴う配管の伸縮を吸収するために設ける継手で、配管の軸方向の変位を吸収する。
- 伸縮管継《しんしゅくくだつぎ》手《て》には、**スリーブ**（袖）形と**ベローズ**（蛇腹）形があり、スリーブ形伸縮管継手は、ベローズ形伸縮管継手に比べて継手1個当たりの伸縮吸収量が大きい。

伸縮管継手の例

■スリーブ形

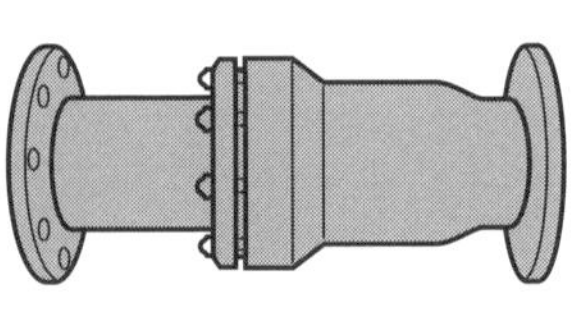

■ベローズ形

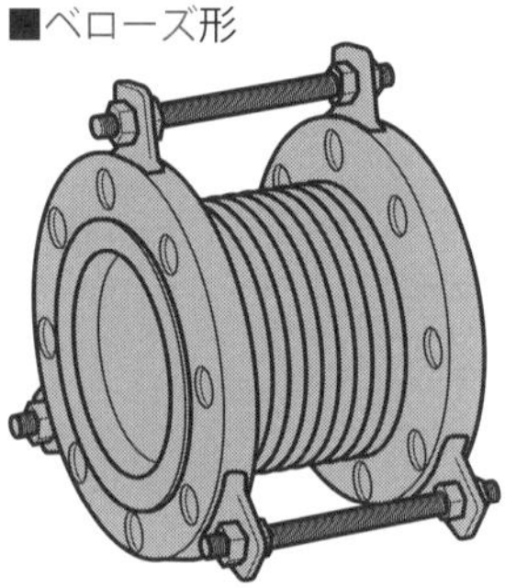

■フレキシブルジョイント

・地震時における配管の変位を吸収するためなどに、配管の軸に直交する方向の変位を吸収するために設ける継手。
・フレキシブルジョイントは、一般的に、接続口径が**大きい**ほど全長を**長く**する必要がある。

フレキシブルジョイントの例

■保温材・保冷材

・機器、配管、ダクトなどの設備機器には、熱損失の防止、結露防止などのために、必要な箇所に保温・保冷が施される。
・保温材、保冷材には、用途や使用温度により、**ロックウール**（人造鉱物繊維)、**グラスウール**（ガラス繊維)、**ポリスチレンフォーム**（発泡樹脂）などが用いられる。
・グラスウール、ロックウールのような繊維質保温材は水分を**吸収しやすく**、ポリエチレンフォームのような発泡樹脂は**吸収しにくい**。
・**保温**とは、常温以上、約1,000℃以下の物体を被覆し熱放散を少なくすること、または表面温度を低下させることをいう。
・**ロックウール**保温材は、グラスウール保温材より使用温度の上限が**高い**。

注意　**・「グラスウールより低い」は間違い！**

・ロックウール保温材の**ブランケット**は、密度により1号と2号に区分される。
・**ポリエチレンフォーム**保温材には、板状又は筒状に発泡成形したものや、板又はシート状に発泡した後に筒状に加工したものがある。
・**保冷**とは、常温以下の物体を被覆し侵入熱量を**小さく**すること、又は、被覆後の表面温度を露点温度以上とし表面に**結露**を生じさせないことである。

プラスアルファ

保温材の密度

・保温材の密度は、ロックウール保温板は1·2·3号に、グラスウール保温板は24K・32Kなどに分類される。

第６章　機材・配管

Lesson 10

ダクト・ダクト付属品（1）

一次

低圧ダクトの常用圧力

汗ダクダクで　手〜あつ！
（ダクト）　　（低圧）

合否、パスしてるかな
（500Pa 以内）

低圧ダクトは、常用圧力において、正圧、負圧ともに 500Pa 以内で使用する。

■ダクトの材質等

- ダクトとは、空調や換気のために空気を搬送するための導管のことで、材質は**亜鉛めっき鉄板**が多く用いられている。
- 特殊な用途には、ステンレス製、塩化ビニル製、グラスウール製等が用いられる。
- グラスウール等の多孔質吸音材を内張りしたダクトでは、中高周波数域の音の減衰が**大きい**。
- 幅又は高さが **450mm** を超えるダクトで保温を施さないものには、**300mm 以下**のピッチで補強リブを設ける。

■ダクトの形状等

- **長方形**ダクト、**円形**ダクトがある。
- 材料、断面積、風量が同じ場合、**円形**ダクトの方が長方形ダクトより単位摩擦抵抗は**小さく**なる。
- 材料、断面積、風量が同じ場合、**長方形**ダクトの方が円形ダクトより単位長さ当たりの圧力損失が**大きい**。
- 等摩擦法（定圧法）で寸法を決定したダクトでは、各吹出口に至るダクトの長さが著しく異なる場合、各吹出口での圧力差は**生じやすい**。

■ダクトの常用圧力による適用範囲区分

ダクトの区分	常用圧力	
	正圧	負圧
低圧ダクト	**500Pa以下**	**500Pa以内**
高圧1ダクト	500Paを超え 1,000Pa以下	500Paを超え 1,000Pa以内
高圧2ダクト	1,000Paを超え 2,500Pa以下	1,000Paを超え 2,000Pa以内

- **低**圧ダクトは、常用圧力において、正圧、負圧ともに**500Pa以内**で使用する。

注意　・1,000Paではない！

- 低圧ダクトと高圧ダクトは、通常運転時におけるダクト内圧が正圧、負圧ともに**500Pa**で区分される。

注意　・300Paではない！

■スパイラルダクト

- スパイラルダクトは、板厚《いたあつ》が薄いものでも、**甲はぜ**が補強の役割を果たすため、強度が**高い**。
- スパイラルダクトは、亜鉛鉄板を**スパイラル状**に甲はぜ機械がけしたもので、甲はぜが補強の役目を果たすため**補強は不要**である。

■アングルフランジ工法ダクト

- 形鋼でフランジを形成して全周をボルトナットで接合する。
- **アングルフランジ工法ダクト**は、共板《ともいた》フランジ工法ダクトに比べて、フランジ接合部の締付け力が**大きい**。

注意　・小さいは間違い！

プラスアルファ

コーナーボルト工法ダクト
共板フランジ工法ダクト、スライドオンフランジ工法ダクトなどのコーナーボルト工法ダクトは、4隅をボルトで締め、さらにコーナー金具で押さえる工法。全周をボルトナットで接合したアングルフランジ工法ダクトに比べて、フランジ接合部の締付力が小さい。

第６章　機材・配管

Lesson 11 ダクト・ダクト付属品（2）

一次

防火ダンパーの温度ヒューズの作動温度

ぼくの団子がパー
（防火ダンパー）

いったい　なぜに？
（一般系統）　（72℃）

防火ダンパーの温度ヒューズの作動温度は、一般系統は72℃とする。

■防火ダンパー

- ダンパーとは、風量を**調整**したり、送風を**停止**したりするためにダクト内に設けられる機器のこと。
- 防火ダンパーは、ダクトを介した延焼を防止するために、火災時に自動で閉止する。温度ヒューズの作動温度は以下の表のとおり。

ダクト系統	作動温度
排煙ダクト	280℃
厨房排気ダクト	120℃
一般系統ダクト	72℃

- 排煙ダクトに設ける防火ダンパーには、作動温度が**280℃**の温度ヒューズを使用する。
- 防火ダンパーの温度ヒューズの作動温度は、一般系統は**72℃**、厨房排気系統は**120℃**とする。

- ピストンダンパーは、消火ガス放出時に**ガスシリンダー**の作動で閉鎖する機構を有する。
- 排煙立てダクト（メインダクト）には、原則として、防火ダンパーを設けない。

■吹出口、吸込口

- 吸込口へ向かう気流は、吹出口からの気流のような指向性はなく、前面から一様に吸込口へ向かう気流となるため、可動羽根や風向調節ベーン等は**不要**である。
- **シーリングディフューザー形**吹出口は、中コーンを上げると拡散半径が**小さく**なる。

注意　**・大きくなるは間違い！　中コーンを下げると大きくなる！**

- ノズル形吹出口は、到達距離が長くとれ、講堂や大会議室などの大空間に**適している。**
- 線状吹出口は、**風向調整ベーン**を動かすことにより吹出し気流方向を変えることができる。

シーリングディフューザー形吹出口の例

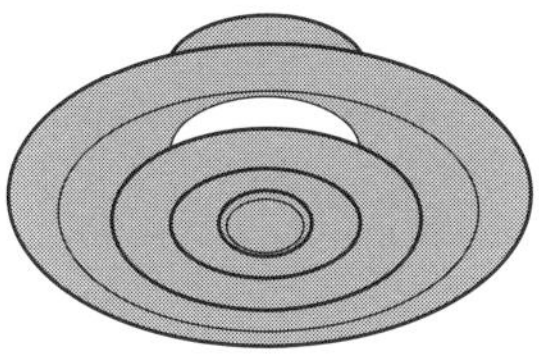

ノズル形吹出口の例

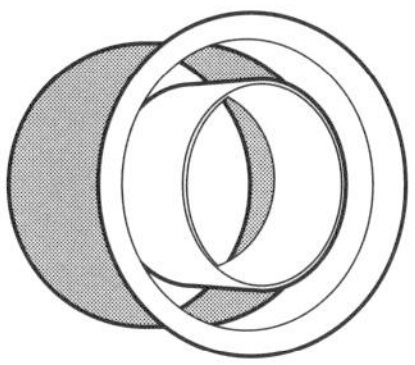

線状吹出口の例

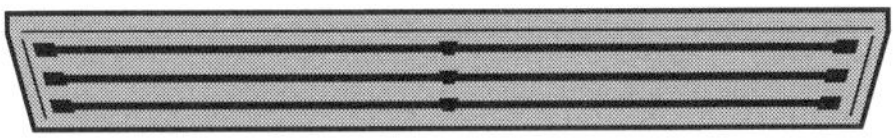

■たわみ継手

- たわみ継手とは、送風機の振動がダクトに伝わらないようにするために設ける可とう性のあるダクトの継手のこと。
- たわみ継手のたわみ部が負圧になる場合や正圧部が全圧 300Pa を超える場合等には、過度に変形しないように補強用の**ピアノ線**が挿入されたものを使用する。

第1部　ゴロ合わせ編

第7章　設計図書

Lesson 01 公共工事標準請負契約約款

一次

受注者の契約の解除

は？　せっけんかえるの？
（発注者）（設計図書変更）

シャンプーの　匂いが　減ったら
（2/3 以上）　　　　　（減少）

すぐ　やめるわ
（直ちに）（解除）

発注者が設計図書を変更し、請負代金額が 2/3 以上減少した場合、受注者は直ちに契約を解除することができる。

■発注者に関すること

- 発注者は、完成通知を受けたときは、通知を受けた日から **14 日以内**に完成検査を完了し、検査結果を受注者に通知しなければならない。
- 発注者は、受注者が工期内に工事を完成させることができないとき、これによって生じた**損害の賠償**を受注者に対して請求することが**できる**。
- 発注者の完成検査で、必要と認められる理由を受注者に通知した上で、工事目的物を最小限度破壊する場合、その検査又は復旧に直接要する費用は**受注者の負担**となる。

注意　・発注者ではない！

- 発注者は完成検査合格後、受注者から請負代金の支払い請求があったときは、請求を受けた日から **40 日以内**に請負代金を支払わなければならない。
- 発注者は、受注者が正当な理由なく、工事に着手すべき期日を過ぎても工事に着手しないとき、履行の催告をしても期日内に履行されないときは、**契約を解除**することが**できる**。

- 発注者が監督員を置いたときは、約款に定める催告、請求、通知、報告、申出、承諾及び解除については、設計図書に定めるものを除き、**監督員を経由**して行う。
- 発注者は、必要があると認めるときは、設計図書の変更内容を受注者に通知して、**設計図書を変更**することが**できる**。

■受注者に関すること

- 受注者は、工事目的物及び工事材料等を**設計図書**に定めるところにより、**火災保険**、**建設工事保険等**に付さなければならない。
- 受注者は、請負代金内訳書に健康保険、厚生年金保険及び雇用保険に係る法定福利費を**明示**するものとする。
- 受注者は、工事現場内に搬入した材料を監督員の承諾を受けないで工事現場外に**搬出してはならない**。
- 設計図書の表示が明確でない場合は、受注者は、その旨を直ちに**監督員に通知**し、その確認を**請求しなければならない**。

注意　**・受注者の判断で施工するのは間違い！**

- 約款及び設計図書に特別な定めがない**仮設**、**施工方法**等は、**受注者**がその**責任**において**定める**。
- 発注者が設計図書を**変更**し、請負代金額が **2/3 以上減少**した場合、受注者は直ちに契約を**解除することができる**。

■その他一般事項

- 工事材料は、設計図書にその品質が明示されていない場合にあっては、**中等の品質**を有するものとする。
- 設計図書とは、別冊の図面、仕様書、現場説明書及び現場説明に対する**質問回答書**をいう。
- 現場代理人、監理技術者等（監理技術者、監理技術者補佐又は主任技術者）及び専門技術者は、これを**兼ねることができる**。

プラスアルファ

中等の品質

最高品質でもなく、最低品質でもない、中くらいの程度の品質をいう。設計図書にその品質が特に明示されていない場合は、中等の品質を有するものとしている。

一次

Lesson 02

規格・仕様

硬質ポリ塩化ビニル管

ビップな人って、
（VP）

圧力にも耐えられるのね
（設計圧力の上限が最も高い）

硬質ポリ塩化ビニル管には、VP、VM、VUの３種類があり、設計圧力の上限が最も高いものはVPである。

■機器仕様の記載例

機器名称	記載事項
ボイラー	形式、定格出力、熱媒の種類、使用圧力、温水出入口温度、燃料の種類、燃料消費量、電動機、制御方式　等
送風機	形式、設置形式、**呼び番号**、風量、静圧、電動機、基礎の種別、台数　等
空調用ポンプ	形式、吸込口径、数量、揚程、押込圧力　等
揚水ポンプ	吸込口径、揚水量、**揚程**　等
冷却塔	形式、冷却能力、冷却水量、冷却水出入口温度、外気**湿球**温度、騒音値　等
チリングユニット	冷凍能力、冷水量、冷水出入口温度、冷却水量、冷却水出入口温度、冷水・冷却水損失水頭　等
全熱交換器	形式、種別、風量、**全熱交換効率**、面風速、初期抵抗（給気・排気）、電動機、台数　等

■規格記号

名称	記号
配管用炭素鋼鋼管	**SGP**（JIS）
圧力配管用炭素鋼鋼管	STPG（JIS）
水配管用亜鉛めっき鋼管	SGPW（JIS）
水道用硬質塩化ビニルライニング鋼管	SGP-VA、VB、VD（JWWA）
排水用硬質塩化ビニルライニング鋼管	D-VA（WSP）
水道用ポリエチレン粉体ライニング鋼管	SGP-PA、PB、PD（JWWA）
一般配管用ステンレス鋼鋼管	SUS-TPD（JIS）
水道用硬質ポリ塩化ビニル管	**VP、VM、VU**（JIS）
水道用硬質ポリ塩化ビニル管（耐衝撃性）	HIVP（JIS）
リサイクル塩化ビニル管	REP-VU（AS） RS-VU（JIS）（三層管） RF-VP（JIS）（発泡三層管）

■仕様

- 配管用炭素鋼鋼管（SGP）は、亜鉛めっきを施した**白**管と施していない**黒**管の2種類がある。
- 水配管用亜鉛めっき鋼管は、配管用炭素鋼鋼管（白管）に比べ**亜鉛**の付着量が**多い**。
- 配管用ステンレス鋼鋼管は、一般配管用ステンレス鋼鋼管より管の厚さが**厚く**、ねじ加工が**可能**である。
- 一般配管用ステンレス鋼鋼管は、給水、給湯、冷温水、蒸気還水等の配管に用いる。
- 圧力配管用炭素鋼鋼管は、スケジュール番号の**大きい**方が管の肉厚が厚い。
- 銅管の肉厚は、Kタイプ、Lタイプ、Mタイプの順に、管の厚さが**厚い**。
- 硬質ポリ塩化ビニル管の衝撃強さは、HIVPのほうがVPよりも大きいが、使用圧力は**同じ**である。
- 硬質ポリ塩化ビニル管のVPは、VUより管の肉厚が**厚い**。
- 硬質ポリ塩化ビニル管には、VP、VM、VUの3種類があり、設計圧力の上限が最も低いものは**VU**である。

注意　**・VPではない！　VPは最も高い圧力である。**

第8章　施工管理

一次

Lesson 01

施工計画

道路の占用・使用許可申請書の提出先

この道路の前をちゃっかり、
（着工前）

戦艦が　**使うのけ？**
（占用―道路管理者）（使用―警察署長）

着工前に、道路占用許可申請書は道路管理者に、
道路使用許可申請書は警察署長に届け出る。

■仮設計画

- 仮設物は、工事期間中一時的に使用されるものであるが、火災予防や騒音対策を考慮して、仮設計画を作成する。
- 仮設計画は、施工中に必要な諸設備を整えることであり、主として**受注者**がその責任において計画するものである。

■施工計画

- 施工計画書には、総合施工計画書、工種別施工計画書があり、一般的に、仮設計画や施工要領書も**含まれる**。
- 施工方法は、設計図書に特別の定めがない場合、**受注者**がその責任において定めることが一般的である。
- 予測できなかった大規模地下埋設物の撤去に要する費用は、設計図書等に特別の定めがない限り、受注者の負担と**しなくてもよい**。
- 総合工程表は、現場の仮設工事から完成時における試運転調整、後片付け、清掃までの全工程の大要を表すもので、一般に、**工事区分**ごとに示す。
- 総合施工計画書は受注者の責任において作成されるが、設計図書等に特記された

事項については**監督員**の承諾を受けなければならない。

- 仮設、施工方法等は、工事の**受注者**がその責任において定めるものであるが、発注者が設計図書において特別に定めることを**妨げるものではない。**
- 工事材料の品質は設計図書で定められたものとするが、設計図書にその品質が明示されていない場合は、均衡を得た**中等の品質**を有するものとする。
- **現場代理人**は、当該工事現場に常駐してその運営取り締まりを行うが、**請負代金の変更**に関する権限は**除かれる。**
- 工事原価とは共通仮設費と直接工事費に**現場管理費**を合わせた費用である。
- 一般管理費には、現場従業員の人件費などの**現場管理費**は**含まれない。**

注意　**・含まれるは間違い！**

- 実行予算書作成の目的は、**工事原価**の検討と確認を行って**利益確保**の見通しを立てることである。

■工事の申請・届出書類と提出先

申請・届出書類の名称	提出先	提出時期
道路**占用**許可申請書	**道路管理者** **注意**　**・警察署長ではない！**	**着工前**
道路**使用**許可申請書	警察署長	着工前
騒音規制法の特定建設作業実施届出書	市町村長	作業開始 **7日前**まで
騒音規制法の特定施設設置届出書	市町村長	着工 **30日前**まで
振動規制法の特定建設作業実施届出書	市町村長	作業開始 7 日前まで
工事整備対象設備等着工届出書	**消防長**または**消防署長**	着工 10 日前まで
ばい煙発生施設設置届出書	都道府県知事	着工 **60日前**まで
指定数量以上の危険物貯蔵所設置許可申請書	**市町村長**または**都道府県知事**	**着工前**
ボイラー設置届	**労働基準監督署長**	着工 30 日前まで
小型ボイラー設置報告書	労働基準監督署長	竣工時
高圧ガス製造許可申請書	**都道府県知事**	製造開始の 20 日前

Lesson 02 ネットワーク工程表

一次
二次

フロート

コーヒーフロート
（フロート）

飲む余裕
（余裕時間）

フロートとは、工事全体の作業日数に影響を与えない余裕時間のことである。

■ネットワーク工程表に関する用語

イベント（結合点）	・作業と作業を結合する点。対象工事の**開始**点・**終了**点。 ・イベントは、時間的には0である。
最早開始時刻 (EST)	・作業を始めうる最も早い時刻。 ・先行作業群の最早終了時刻の内で最も時間の**多い**もの。
最早終了時刻 (EFT)	・作業を終了しうる**最も早い**時刻。 ・最早開始時刻＋作業日数
最遅開始時刻 (LST)	・対象工事の工期に影響のない範囲で作業を**最も遅く**開始してもよい時刻（遅くとも開始しなければならない時刻）。 ・後続の最遅終了時刻 − 作業日数
最遅終了時刻 (LFT)	・対象工事の工期に影響のない範囲で作業を最も遅く終了してもよい時刻（遅くとも終了しなければならない時刻）。 ・後続作業群の最遅終了時刻で最も時間の**少ない**もの − 作業日数

クリティカルパス（CP）	・各ルートのうち、最も**長い**日数を要するルート。 ・トータルフロートが0の作業をつないだもの。
トータルフロート（TF）	・当該作業の**最遅終了**時刻 − 当該作業の**最早終了**時刻
フリーフロート（FF）	・その作業の中で使い切っても後続作業のフロートに全く影響を**与えない**。 ・後続作業の最早開始時刻 − 当該作業の最早終了時刻
ディペンデントフロート（DF）	・後続作業のトータルフロートに影響を**与える**。 ・トータルフロート − フリーフロート

■ネットワーク工程表の見方

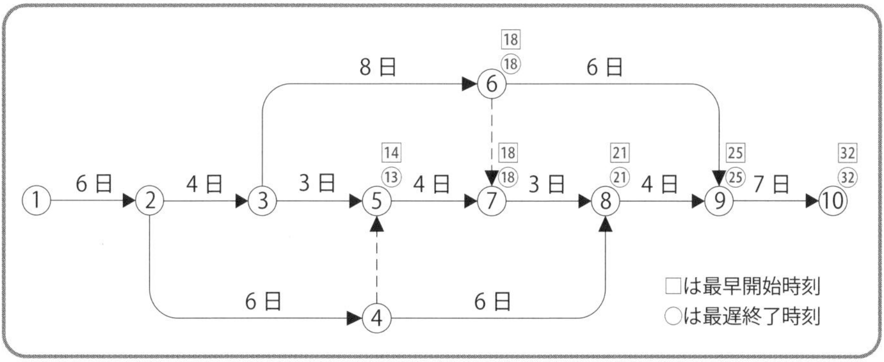

- 作業⑥→⑨の最遅終了時刻
  ⑩の最遅終了時刻−作業日数
  （6 + 4 + 8 + 3 + 4 + 7）− 7 = 25日
- 作業⑦→⑧の最早開始時刻
  ⑥の最早終了時刻が最大
  6 + 4 + 8 = 18日
- 作業⑤→⑦のフリーフロート
  ⑦の最早開始時刻 − ⑤→⑦の最早終了時刻
  （6 + 4 + 8）−（6 + 4 + 3 + 4）= 1日
- 作業⑥→⑨のトータルフロート
  ⑨の最遅終了時刻 − ⑥→⑨の最早終了時刻
  （6 + 4 + 8 + 3 + 4 + 7 − 7）−（6 + 4 + 8 + 6）= 1日

一次

Lesson 03

品質管理（1）

抜取検査の条件

合格者の中に
（合格ロット）

多少不良がいてもよければ
（不良品の混入）

選抜入試にしようよ
（抜取検査）

抜取検査は、合格ロットの中に、ある程度の不良品の混入が許される場合に適用する。

■品質管理

・品質管理とは、品質の目標や管理体制等を記載した品質計画に基づいて、設計図書で要求された品質を確保する方法である。

・品質管理において、品質の向上と工事原価の低減は、**相乗効果**の期待できる関係である。

注意　・トレードオフの関係、すなわち相反関係ではない！

・建設工事は現場ごとの一品生産であるが、建設工事においても、統計的な手法による品質管理は**有効である。**

・建設工事における品質管理の効果には、**施工品質の向上**、**施工不良**や**クレーム**の減少等がある。

・建設工事における日常の品質管理には、異常が出たときの処置や、問題解決と再発防止も**含まれる。**

・品質管理のための **QC 工程図**には、工事の作業フローに沿って、管理項目、管理水準、管理方法等を記載する。
- 品質管理として行う行為には、搬入材料の検査、配管の水圧試験、風量調整の確認等がある。
- 品質管理のメリットは**品質の向上**や**均一化**のほかに、工事費の**節減**である。
- 品質管理には、施工図の検討、機器の工場検査、装置の試運転調整などがある。
- 管工事の品質に影響を与える要因としては、**現場加工材料**の良否、**機器の据付け**状況などがある。

■ ISO9000 ファミリー規格

- ISO9000 ファミリー規格は、製品やサービスを作り出す**プロセス**に関する規格である。
- ISO14000 ファミリー規格は、環境マネジメントに関する一連の国際規格をいい、環境に配慮したサービスを作り出すプロセスに関する規格。

注意　**・公害対策として企業が遵守すべき基準値を定めた規格ではない！**

■検査

- **全数検査**は、特注機器の検査、配管の水圧試験、空気調和機の試運転調整等、不良品の混入が**許されない**製品に適用する。
- **計量抜取検査**は、ロットの特性値が正規分布とみなせる場合に実施する。
- 計数抜取検査には、**不良個数**による検査と**欠点数**による検査がある。
- 抜取検査は、合格ロットの中に、ある程度の不良品の混入が**許される**場合に適用する。

注意　**・許されない場合ではない！**

■ PDCA サイクル

- PDCA サイクルは、計画→実施→確認→処理→計画のサイクルを繰り返すことであり、品質の改善に有効である。デミングサークルともいう。

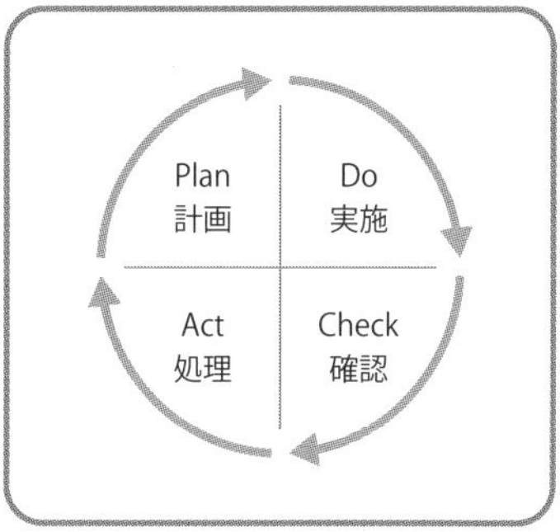

一次

Lesson 04 品質管理（2）

QC7つ道具

パフェでヒステリーチェック！
（パレート）（ヒストグラム）（チェックシート）

特別　さん　かだ　そうよ
（特）　（散）　（管）　（層）

パレート図、ヒストグラム、チェックシート、特性要因図、散布図、管理図、層別の７つをQC7つ道具という。

■パレート図

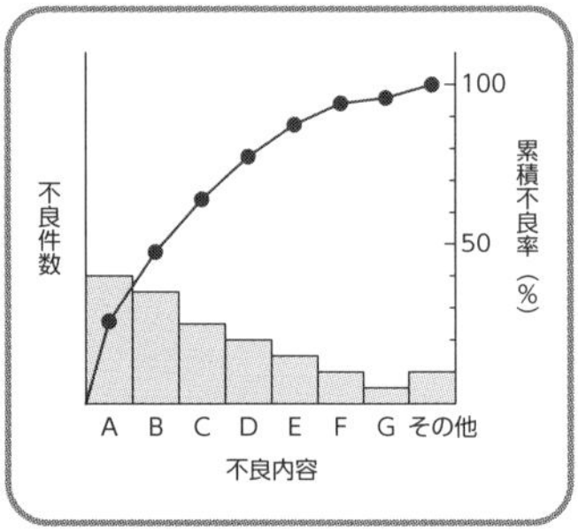

- パレート図とは、不良項目を大きい順に並べた**棒グラフ**と不良件数を累積した**折れ線グラフ**で示した図である。
- パレート図では、各不良項目の発生件数の**順位**がわかる。
- パレート図では、大きな不良項目、不良項目の順位、各不良項目が全体に占める割合等を読み取ることができる。

■管理図

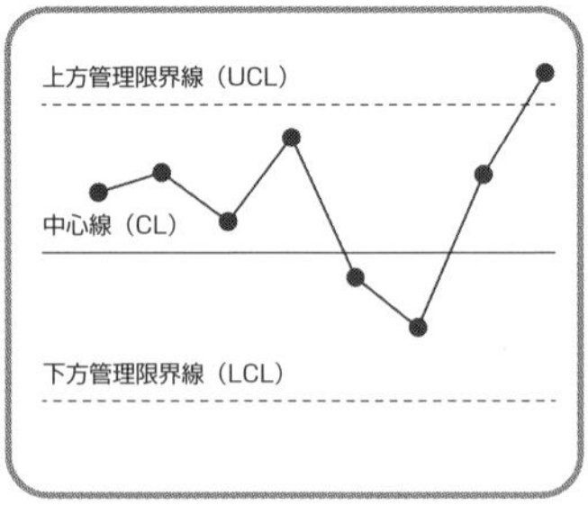

- 管理図では、データの時間的変化や異常なばらつきがわかる。
- 管理図は、データをプロットした点を直線で結んだ**折れ線グラフ**と**管理限界線**からなり、デー

タの時間的変化や異常な**ばらつき**がわかる。

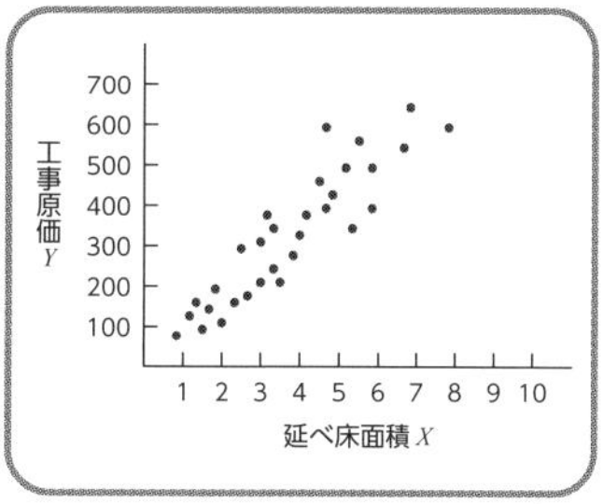

散布図

- 散布図では、対応する**2つのデータ**の関係の有無がわかる。
- 散布図は、**プロット**された点の分布の状態により2つの特性の相関関係がわかる。
- 散布図は、縦・横軸のグラフに点でデータをプロットしたものであるが、2つのデータに強い**相関関係**があれば、点の分布は**直線**または**曲線**に近づく。

特性要因図

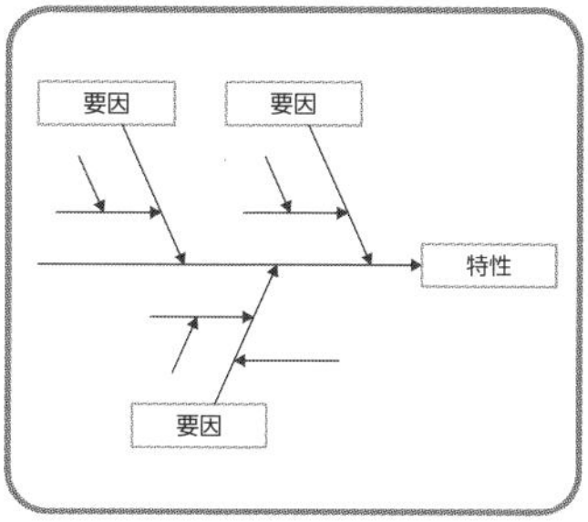

- 特性要因図では、問題としている**特性**とその**要因**の関係が体系的にわかる。
- 特性要因図とは、問題としている特性とそれに影響を与えると想定される要因の関係を**魚の骨**のような図に体系的に整理したものである。
- 特性要因図は、**不良の原因**と考えられる事項が整理されるため、関係者の意見を引き出したり、改善の手段を決めたりすることに有用である。

ヒストグラム

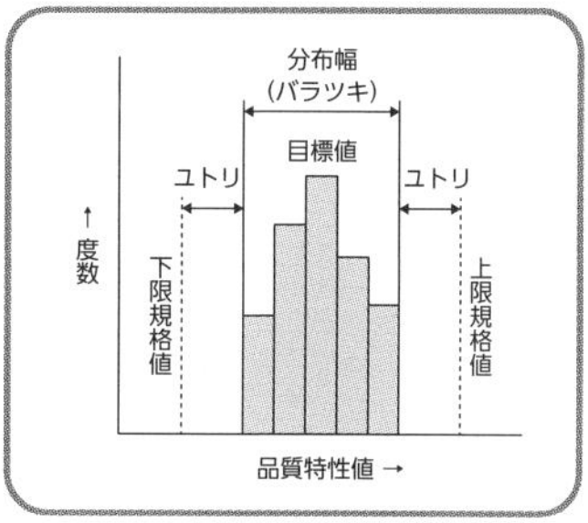

- ヒストグラムは、データの**全体分布**や**ばらつき**の状況がわかる。
- ヒストグラムは、データの分布を**柱状図**で表したもので、データの全体分布や、規格の上限・下限からはずれている度合いがわかる。
- ヒストグラムでは、データの時間的変化が**わからない**。

注意　・時間的変化がわかるは間違い！

プラスアルファ

QC7つ道具

QC7つ道具のQCとは、Quality Controlの略であり、QC7つ道具とは、パレート図、特性要因図、ヒストグラム、管理図、チェックシート、散布図、層別の7つで、品質管理のための手法をいう。

一次
二次

Lesson 05

安全管理（1）

ゼロ・ディフェクト運動

ゼロで、いこうぜ
（ゼロ・ディフェクト運動）

よっしゃ、そうしよう
（自発性・熱意）（創意工夫）

ZD（ゼロ・ディフェクト）運動とは、作業員一人一人の自発性・熱意を喚起させ、創意工夫により仕事の欠陥をなくし、労働災害ゼロを目指す運動である。

■ツールボックスミーティング

・ツールボックスミーティングは、職場安全会議ともいい、作業関係者が作業開始前に集まり、**その日の作業**、**安全**等について、再確認等を行う活動である。

注意　・作業終了後ではない！

■ 4S 活動

・4S 活動とは、整理、整頓、清掃、清潔の 4S により、安全で健康な職場づくりと生産性の向上を目指す活動である。

■ ZD（ゼロ・ディフェクト）運動

・ZD（ゼロ・ディフェクト）運動とは、作業員一人一人の**自発性・熱意**を喚起させ、**創意工夫**により仕事の欠陥をなくし、労働災害ゼロを目指す運動である。

注意　・作業方法のマニュアル化や作業員への監視を徹底することによるものではない！

■ヒヤリハット

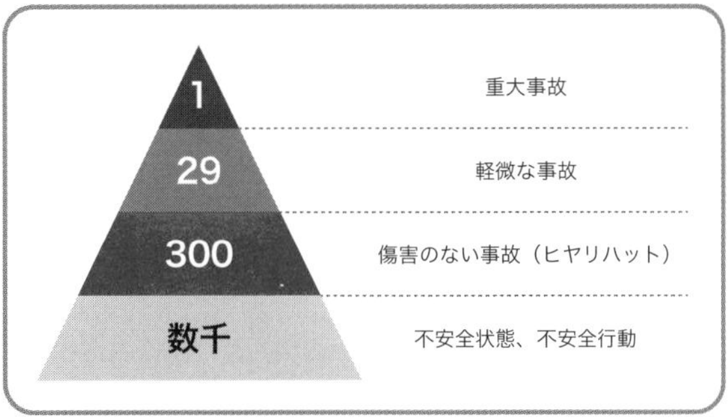

- ヒヤリハット活動とは、作業中に怪我をする危険を感じてヒヤリとしたこと等を報告させることにより、**危険有害要因**を把握し改善を図っていく活動である。
- ハインリッヒの法則によれば、１つの重大災害発生の過程には**数十件**の軽微な事故と**数百件**のヒヤリハットの発生がある。

■安全施工サイクル

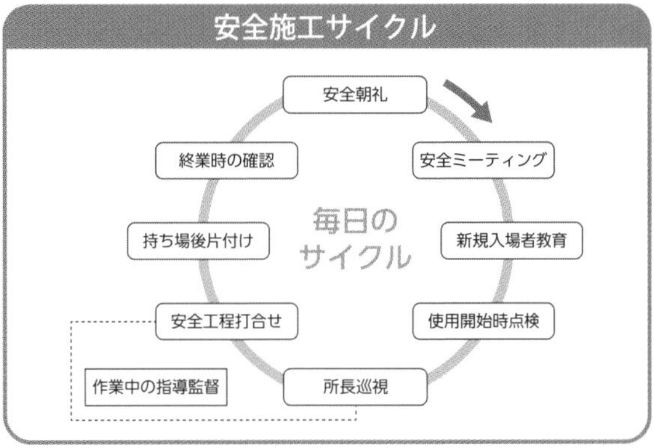

- 安全施工サイクルとは、安全朝礼から始まり、安全ミーティング、安全巡回、安全工程打合せ、後片付け、終業時確認までの作業日ごとの安全活動サイクルのことである。

■リスクアセスメント

- リスクアセスメントとは、作業開始前に**作業に潜む危険性**と**有害性**のリスクを洗い出し、洗い出したリスクを可能性と重大性から見積り、点数化し、優先度の高いものから**リスク低減**措置を行う一連の活動をいう。

注意　・労働災害が発生した場合に行う活動ではない！

- リスクアセスメントの実施においては、個々の事業場における労働者の就業に係る**すべての危険性**又は**有害性**が対象となる。

プラスアルファ

指差呼称
指差呼称とは、対象を指で差し、声に出して確認する行動のことをいい、意識のレベルを上げて緊張感、集中力を高める効果をねらった行為である。

一次
二次

Lesson 06 安全管理（2）

重大災害

残忍な　重大災害
（3人）

労働安全衛生法上、重大災害とは、業務上、一時に3人以上の労働者が死亡又は負傷をした災害事故である。

■労働災害・公衆災害等

- 労働災害の発生状況を評価する指標には、被災者数の他に、**度数率**、**強度率**、**年千人率**がある。
- 労働災害による労働者の休業が**4日に満たない**場合は、事業者は、労働者死傷病報告書を労働基準監督署に**四半期最後**の月の**翌月末日**までに提出する。
- 労働災害による労働者の休業が**4日以上**の場合は、事業者は、労働者死傷病報告書を労働基準監督署に**遅滞なく**提出する必要がある。
- 災害の発生頻度を示す**度数率**とは、延べ実労働時間**100万**時間当たりの労働災害による**死傷者数**である。
- 災害の規模及び程度を示す**強度率**とは、延べ実労働時間**1,000**時間当たりの労働災害による**労働損失日数**である。
- 建設工事において発生件数の多い労働災害には、**墜落・転落**災害、**建設機械・クレーン**災害、土砂崩壊・倒壊災害がある。
- 建設工事に伴う公衆災害とは、工事関係者を**除いた**第三者の生命、身体及び財産に関する危害並びに迷惑をいう。

注意　**・工事関係者を含むは間違い！**

■重大災害

- 重大災害とは、一時に**3人以上**の労働者が業務上死傷又はり病した災害をいい、労働者が負傷又はり病した災害も**含まれる**。
- 年千人率は、重大災害発生の頻度を示すもので、労働者1,000人当たりの1年間に発生した**死傷者数**である。

注意　・死者数ではない！

■安全衛生管理体制

- 建設業労働安全衛生マネジメントシステム（COHSMS）は、組織的かつ継続的に安全衛生管理を実施するための仕組みである。
- **特定元方事業者**は、関係請負人が行う労働者の安全のための教育に対する指導及び援助を行う措置を講じなければならない。

注意　・安全衛生責任者ではない！

A社：**統括安全衛生責任者、元方安全衛生管理者**
B社：**安全衛生責任者**
C社：**安全衛生責任者**
D社：**安全衛生責任者**

安全衛生管理体制

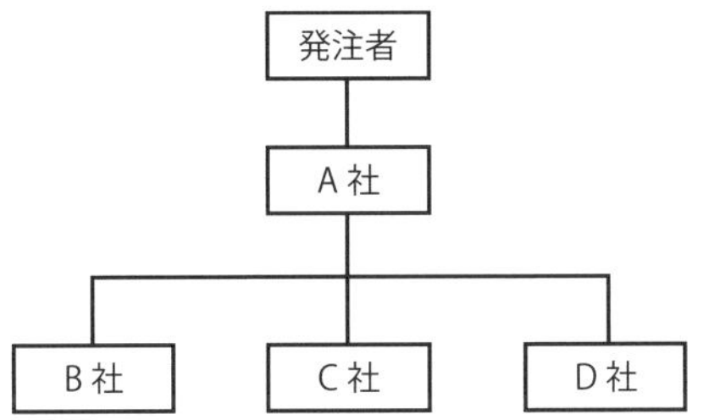

■安全または衛生のための教育

- 作業床の高さが**10m以上**の高所作業車の運転は、**技能講習**を修了した者に行わせなければならない。
- 作業床の高さが**10m未満**の高所作業車の運転は、事業者が行う**特別の教育**を受けた者に行わせなければならない。
- 事業者は、労働者を**雇い入れた**ときは、当該労働者に対して、その従事する業務に関する**安全**又は**衛生**のため**必要な事項の教育**を行わなければならない。

プラスアルファ

送り出し教育
工事現場に労働者を送り出そうとする関係請負人が当該労働者に対し事前に実施する教育で、新規入場者教育の効率化に有効である。

Lesson 07 安全管理（3）

一次　二次

高所作業

端っこ
(85cm)
から落ちない手すり

枠組足場以外の高さ 2m 以上の作業床には、墜落のおそれがある箇所に、高さ 85cm 以上の手すりと中さんを取り付けなければならない。

■高所作業

- 高さが 2m 以上、**6.75m 以下**の作業床がない箇所での作業において、胴ベルト型の墜落制止用器具を使用する場合、当該器具は**一本つり胴ベルト型**とする。
- 高さが **6.75m を超える**高さの箇所で使用する墜落制止用器具は、**フルハーネス型**のものでなければならない。
- 枠組足場以外の高さ 2m の作業床には、墜落のおそれがある箇所に、高さ **85cm** 以上の手すりと中さんを取り付ける。

注意　・65㎝ではない！

■足場・通路・はしご道

- 架設通路の高さ 8m 以上の登りさん橋には、高さ **7m 以内**ごとに踊場を設ける必要がある。

注意　・8m 以内ごとにではない！

- はしご道は、はしごの転位防止のための措置を行い、はしごの上端を床から

60cm 以上突出させなければならない。

■溶接

- 屋内でアーク溶接作業を行う場合は、**粉じん障害**を防止するため、**全体換気装置**による換気の実施又はこれと同等以上の措置を講じる。
- 導電体に囲まれた著しく狭隘な場所で、交流アーク溶接等の作業を行うときは、自動溶接の場合を除き、交流アーク溶接機用自動電撃防止装置を**使用しなければならない。**
- 屋外で金属をアーク溶接する作業者に使用させるため、**呼吸用保護具**等の適切な保護具を備える。
- 交流アーク溶接機の**自動電撃防止装置**は、その日の使用を開始する前に、作動状態を点検しなければならない。

■重量物・揚重

- 一つの荷物で重量が **100kg 以上**のものを貨物自動車に積む作業を行うときは、当該作業を指揮する者を**定めなければならない。**
- つり上げ荷重１トンの移動式クレーンの運転業務には、**小型移動式クレーン運転技能講習**を修了した者を就かせることができる。

■酸欠・石綿

- 作業場所の空気中の酸素濃度が **18% 以上**に保たれるように換気を行う。
- 事業者は、建築物の解体を行う場合、**石綿**等による労働者の健康障害を防止するために、石綿等の使用の有無を目視、**設計図書**等により調査し、**記録**しなければならない。

移動式クレーンの就業制限

移動式クレーンのつり上げ荷重	運転者の資格
5t 以上	運転士免許（※1）
1t 以上～ 5t 未満	技能講習（※2）
1t 未満	特別教育（※3）

（※1）　移動式クレーン運転士免許を受けた者
（※2）　小型移動式クレーン運転技能講習を修了した者
（※3）　移動式クレーンの運転の業務に係る特別の教育を修了した者

第８章　施工管理

Lesson 08

試運転調整

一次

二次

グランドパッキン方式

ボンボンのお試し
（ポンプ試運転）

クラッときて　　**水を適量**
（グランドパッキン方式）（水滴）

ポンプの試運転では、軸封部がグランドパッキン方式の場合、グランドパッキンから水滴が連続滴下していることを確認する。

■ボイラーの単体試運転調整

- ガスだきの場合は、ガス配管の**空気抜き**を行い、ガス圧の調整を行う。
- 煙道ダンパーを開いて、炉内に残留している未燃ガス等を排除し、蒸気ボイラーの場合は、主蒸気弁を**閉じる**。
- **火炎監視装置**（フレームアイ）の前面をふさぎ、不着火や失火の場合のバーナー停止の作動を確認する。
- ボイラーの試運転では、ボイラーを運転する前に、ボイラー給水ポンプ、オイルポンプ、給気ファン等の**単体運転**の確認を行う。

■ポンプの試運転

- ポンプの試運転では、軸封部が**グランドパッキン方式**の場合、摺動部の摩擦熱を水で冷却させるために、グランドパッキンから**水滴**が**連続滴下**していることを確認する。

注意
- **メカニカルシール方式ではない！　メカニカルシール方式では、漏水しないことを確認する。**

・渦巻きポンプは、ポンプと電動機の主軸が一直線になるようにカップリングに定規を当てて水平度を確認する。

・排水ポンプは、通常運転時は**1台自動交互**運転、満水警報時は**2台同時**運転することを確認する必要がある。

注意　**・2台交互に運転するのではない！**

・ポンプの試運転調整は、吐出し側の弁を**全閉**にして起動し、徐々に弁を開いて、規定の水量になるように調整する。

注意　**・全開にして起動するのではない！**

■空気調和機の試運転

・空気調和機の試運転では、加湿器は、空気調和機の送風機と**インターロック**されていることを確認する。

■冷凍機の試運転調整

・**冷水ポンプ**、**冷却水ポンプ**及び**冷却塔**とのインターロックを確認してから冷凍機の起動スイッチを入れる。

・冷水ポンプ、冷却水ポンプ及び冷却塔を起動し、**冷水量**及び**冷却水量**が規定流量であることを確認する。

・冷水量が過度に減少した場合、**断水リレー**の作動により冷凍機が停止することを確認する。

・停止サーモスタットの設定値が冷水温度の**規定値以下**であることを確認する。

注意　**・規定値より高いは間違い！**

■送風機、温水機等

・送風機の風量は、風量測定口がない場合、**試験成績表**と**運転電流値**により確認する。

・吸収冷温水機は、**減水時システム停止**のインターロックを確認するほか、**換気ファン**とのインターロックを確認する。

・無圧式温水発生機は、地震又はこれに相当する衝撃により燃焼が**自動停止**することを確認する。

Lesson 09

保冷・保温等

一次　二次

ポリスチレンフォーム保温筒

ポリスが　　　**本気で**
（ポリスチレンフォーム保温筒）

2つの　　**粘着テープで巻く**
（2か所以上）（粘着テープ巻きを行う）

ポリスチレンフォーム保温筒を冷水管の保温に使用する場合、保温筒1本につき2か所以上粘着テープ巻きを行う。

■保冷・保温

- 冷温水管の保温の施工において、**ポリエチレンフィルム**は、防湿のための補助材として使用される。
- ポリエチレンフィルム巻きの場合 **1/2** 重ね巻きとする。
- 配管の保温において、蒸気管が壁又は床を貫通する場合、伸縮を考慮して、貫通部及びその前後約 **25mm** 程度は**保温被覆を行わない。**
- 保温材相互のすきまはできる限り**少なく**し、保温材の重ね部の継目は**同一線上とならない**ようにする。
- 保温、保冷の施工において、テープ巻きその他の重なり幅は、原則として、**テープ状**の場合は **15mm 以上**（ポリエチレンフィルムの場合は **1/2** 重ね以上）とし、その他の場合は **30mm 以上**とする。
- 立て管の外装用テープは、テープのすき間から浸水しにくいように、一般的に、立て管の**下方より上向き**に巻き進める。

注意　**・上方から下方ではない！**

・保温を施した屋内露出配管が床を貫通する場合は、床面より少なくとも**150mm 程度**の高さまでステンレス鋼帯製バンド等で被覆する。

■ポリスチレンフォーム保温材・保温筒

・**ポリスチレンフォーム**保温材は、優れた独立気泡体を有し、吸水、吸湿による断熱性能の低下が**小さい**。

・ポリスチレンフォーム保温材は、水にぬれた場合、グラスウール保温材に比べて熱伝導率の変化が**小さい**。

注意　**・大きいは間違い！**

・ポリスチレンフォーム保温筒を冷水管の保温に使用する場合、保温筒１本につき２か所以上**粘着テープ巻き**を行い、かつ、合わせ目は**すべて**粘着テープで止める。

注意　**・鉄線で巻きつけるのではない！**

■グラスウール保温筒

・**グラスウール**保温筒は、保温筒１本につき**鉄線**を２か所以上巻き締めて施工する。

・グラスウール保温材の 24K、32K、40K という表示は、保温材の**密度**を表すもので、数値が大きいほど熱伝導率が**小さい**。

■鉄線

・保温帯を二層以上重ねて所要の厚さにする場合は、保温帯の各層をそれぞれ**鉄線**で巻き締める。

・配管の保温の施工において、保温筒を二層以上重ねて所要の厚さにする場合は、保温筒の各層をそれぞれ**鉄線**で巻き締める。

・**スパイラルダクト**の保温に帯状保温材を用いる場合は、原則として、**鉄線**を**150mm 以下**のピッチでらせん状に巻き締める。

ステンレス鋼板製（SUS444 製を除く）貯湯タンクの保温
ステンレス鋼板製（SUS444 製を除く）貯湯タンクを保温する際は、タンク本体にエポキシ系塗装等を施すことにより、タンク本体と保温材とを絶縁する。

Lesson 10 腐食・防食・防振等

一次
二次

金属バネの性質

金歯は　衰えないよ
（金属バネ）（減衰比小さい）

さあ、sing（うたおう）
（サージング）

金属バネは、減衰比が小さいため共振時の振幅が大きく、サージング現象（周期的に変動する現象）が起こりやすい。

■防振

- 共通架台に複数個の回転機械を設置する場合、防振材は一番**低い**回転数に合わせて選定する。
- 金属バネは、減衰比が**小さい**ため、共振時の振幅が大きく、サージング現象（周期的に変動する現象）が起**こりやすい**。

注意　**・起こりにくいは間違い！**

- 送風機の振動を直接構造体に伝えないために、金属コイルバネを用いた架台を使用する。
- 送風機の振動を直接ダクトに伝えないために、**たわみ継手**（キャンバス継手）を使用する。

■防食

- 配管の防食に使用される防食テープには、**防食用ポリ塩化ビニル粘着テープ**、**ペトロラタム系防食テープ**等がある。

- **ペトロラタム系防食テープ**による防食処置では、ペトロラタム系防食テープを**1/2重ね1回巻き**し、その上にプラスチックテープを**1/2重ね1回巻き**する。
- 防食テープ巻きを施した鋼管において、施工時に被覆が損傷して鉄部が露出すると、露出した陽極部面積が**小さい**ほど腐食が集中し、腐食によって短期間に穴があく可能性が**大きい**。
- 電気防食法における外部電源方式では、直流電源装置の**マイナス端子**に被防食体を接続する。

注意 **・プラス端子ではない！**

■腐食

- 配管用炭素鋼鋼管（白管）の管内の水の性状について、pH の値が中性域よりも**低い** pH 側の方が、管の腐食速度が増大する。
- 溶存酸素濃度が**高い**と、管の腐食速度が増大する。
- ステンレス鋼管の溶接は、内面の酸化防止として管内にアルゴンガスを充てんして行う。冷温水管に用いる呼び径 100A 以下の配管用炭素鋼鋼管は、溝状腐食のおそれの少ない鍛接鋼管を使用する。
- ステンレス鋼管に接続する仕切弁は、**異種金属接触腐食**を防止するため、**ステンレス製**とする。

注意 **・脱亜鉛腐食ではない！**

プラスアルファ

脱亜鉛腐食

脱亜鉛腐食とは、銅と亜鉛の合金である黄銅のうち、亜鉛が選択的に離脱する腐食現象で、黄銅製弁棒などに発生するおそれがある。

■塗装

- 亜鉛めっき面に合成樹脂調合ペイント塗りを施す場合、中塗り及び上塗りの塗装工程における放置時間及び最終養生時間は、一般的に、気温 20℃では両工程とも 24 時間以上とする。
- 塗装は、原則として、塗装場所の気温が **5℃**以下、湿度が **85%** 以上、換気が十分でなく結露する等、塗料の乾燥に不適当な場所では行わない。
- ステンレス鋼板製貯湯タンク（SUS444 製を除く）を保温する際には、保温材からの塩素の浸出による腐食を防止するため、タンク本体に**エポキシ系塗装等**を施して、タンク本体と保温材とを電気的に**絶縁**する。

Lesson 11

機器の据付け（1）

一次
二次

2台以上の横形ポンプ基礎の設置間隔

横顔を　　2人以上で並んで
（横形ポンプ）（2台以上並べて）

500円玉の距離で見る
（500㎜の間隔）

横形ポンプを2台以上並べて設置する場合、各ポンプの基礎の間隔は、一般的に、500mm以上とする。

■コンクリート

・コンクリートを現場練りとする場合、調合（容積比）はセメント1、砂2、砂利4程度とする。

■アンカーボルト

・カプセル方式の接着系アンカーボルトを施工する場合、マーキング位置までアンカーボルトを埋込み後、接着剤が硬化するまでアンカーボルトを**静置**させる。

注意　・接着剤を攪拌《かくはん》させるのではない！

・地震時にアンカーボルトに加わる荷重は、原則として、機器を剛体とみなし、当該機器の重心の位置に水平及び鉛直の地震力が作用するものとして算定する。
・アンカーボルトの径及び埋込み長さは、アンカーボルトに加わる**引抜き力**、**せん断力**及びアンカーボルトの**本数**などから決定する。
・アンカーボルトの埋込み位置と基礎縁の距離が不十分な場合、地震時に基礎が破損することがある。

・アンカーボルトは、J形のほうが、L形よりも**許容引抜き荷重**が大きい。

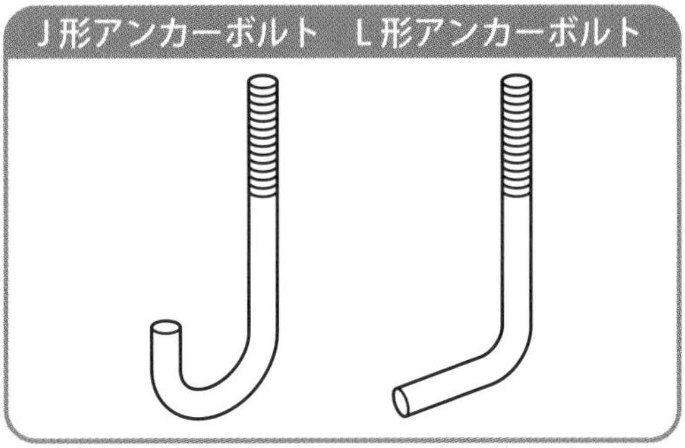

■あと施工アンカーボルト

・あと施工の接着系アンカーボルトの打設間隔は、呼び径の**10倍以上**を標準とする。

・あと施工のアンカーボルトにおいては、下向き取付けの場合、金属拡張アンカーに比べて、接着系アンカーの許容引抜き力は**大きい**。

注意　**・小さいは間違い！**

・天井スラブの下面において、あと施工アンカーを上向きで施工する場合、接着系アンカーは**使用しない**。

・あと施工のメカニカルアンカーボルトは、めねじ形より**おねじ**形の方が許容引抜き力が**大きい**。

・あと施工アンカーの設置においては、所定の許容引抜き力を確保するため、使用するドリルにせん孔する深さの位置を**マーキング**して所定のせん孔深さを確保する。あと施工アンカーボルトは、基礎コンクリートの強度が、規定**以上**であることを確認してから打設する。

■ポンプ

・排水用水中モーターポンプの据付け位置は、排水槽への**排水流入口**から**離れた**場所とする。

・雑排水用水中モーターポンプ2台を排水槽内に設置する場合、ポンプケーシングの中心間距離は、ポンプケーシングの直径の**3倍**としてよい。

・軸封部が**メカニカルシール**方式の冷却水ポンプをコンクリート基礎上に設置する場合、コンクリート基礎上面に排水目皿及び当該目皿からの排水管を設けないこととしてよい。

・横形ポンプを2台以上並べて設置する場合、各ポンプの基礎の間隔は、一般的に、**500mm以上**とする。

Lesson 12

機器の据付け（2）

一次
二次

大型機器の基礎

ちょっと待とうか
（10日）
機器の据付け

大型機器の基礎は、コンクリート打込み後、適切な養生を行い 10 日経過した後に機器を据え付ける。

■冷凍機

- **大型**冷凍機をコンクリート基礎に据え付ける場合、冷凍機は、基礎のコンクリートを打設後、**10 日**が経過してから据え付ける。
- 真空又は窒素加圧状態で分割搬入した密閉型遠心冷凍機は**大気開放せずに**真空又は窒素加圧状態のまま組み立て据え付ける。

注意　・「大気開放してから据え付ける」は間違い！

- 1 日の冷凍能力が法定 50 トン未満の冷凍機の据付けにおいて、冷凍機の操作盤前面の**空間距離**は、大型ボイラー等に面する場合を除き、**1.2m** としてよい。
- 冷凍機の設置において、アンカーボルト選定のための耐震計算をする場合、設計用地震力は、一般的に、機器の**重心**に作用するものとして計算を行う。

■冷却塔

- 低層建築物の屋上に 2 台の冷却塔を近接して設置する場合、2 台の冷却塔は、原則として、冷却塔本体のルーバー面の高さの **2 倍以上**離して設置する。

■ボイラー

・**大型**ボイラーをコンクリート基礎に据え付ける場合、ボイラーは、基礎のコンクリートを打設後、**10日**が経過してから据え付ける。

注意 ・5日ではない！

・ゲージ圧力が0.2MPaを超える温水ボイラーを設置する場合、安全弁その他の附属品の検査及び取扱いに支障がない場合を除き、ボイラーの最上部からボイラーの上部にある構造物までの距離は、**1.2m以上**とする。

注意 ・0.8mではない！

■送風機

・送風機の防振基礎には、地震による横ずれや、転倒防止のためのストッパーを設ける。

・送風機とモーターのプーリーの心出しは、外側面に定規や水糸などを当てて調整する。

・Vベルト駆動の送風機は、Vベルトの回転方向でベルトの**下側**引張りとなるように設置する。

・呼び番号**2未満**の送風機は、振れ止めの斜材を入れた**吊りボルト**で**据え付けることができる**。

・呼び番号3の送風機を天井吊りとする場合、送風機は形鋼を**かご形**に溶接した**架台上**に**防振材**を介して設置し、当該架台は建築構造体に固定する。

注意 ・「呼び番号3は吊りボルトで吊り下げられる」は間違い！

■タンクの据付け

・屋内設置の飲料用受水タンクの据付けにおいて、はり形コンクリート基礎上の鋼製架台の高さを100mmとする場合、当該コンクリート基礎の高さは**500mm**としてよい。

・貯湯タンクの据付けにおいては、周囲に**450mm以上**の保守、点検スペースを確保するほか、加熱コイルの引抜きスペース及び内部点検用マンホール部分の点検作業用スペースを確保する。

プラスアルファ

ワイヤーロープ

機器を吊り上げる場合、ワイヤーロープの吊り角度を大きくすると、ワイヤーロープに掛かる張力は大きくなる。

Lesson 13 配管の施工（1）

一次　二次

複式伸縮管継手

腹式呼吸で
（複式伸縮管継手）

体幹固定　　両端にガイド
（継手本体固定）（両端にガイドを設ける）

複式伸縮管継手を使用する場合は、伸縮管継手本体を固定し、当該伸縮管継手の両端に接続される配管にガイドを設ける。

■配管の切断・接合

主な配管の種類	主な接合方法
鋼管	**ねじ**接合、**溶接**接合、**フランジ**接合
配管用ステンレス鋼鋼管	**溶接**接合、**フランジ**接合
水道用樹脂ライニング鋼管	**ねじ**接合（呼び径 100 以下）、**フランジ**接合（呼び径 100 以上）
排水用樹脂ライニング鋼管	**メカニカル**接合（**MD ジョイント**）
塩化ビニル管	**接着（TS）**接合、**ゴム輪**接合
ポリエチレン管	**メカニカル**接合
耐火二層管	**TS** 式差込み接合

- 鋼管の**ねじ接合**に**転造ねじ**を使用する場合、転造ねじのねじ部の強度は、鋼管本体の強度とほぼ**同程度**となる。
- ステンレス鋼管の**溶接**接合は、管内にアルゴンガス又は窒素ガスを充満させてから、**TIG 溶接**により行う。

プラスアルファ

TIG溶接

TIG溶接は、アーク溶接の一種で、不活性ガス溶接を意味する。他の物質と化学反応を極めて起こしにくい安全なガスを材料に吹き付け、溶接部分に空気が入らないように溶接するやり方をいう。

・配管用炭素鋼鋼管を**溶接**接合する場合、管外面の余盛高さは**3mm**程度以下とし、それを超える余盛は**グラインダー**等で除去する。

・飲料用に使用する鋼管の**ねじ**接合には、水漏れ防止等のため、**ペーストシール剤**を使用する。

・冷媒配管を差込接合する際は、配管内に水分などが混入しないように、配管内に**不活性ガス**を流しながら接合する。

・**硬質塩化ビニルライニング鋼管**の切断には、帯鋸《おびのこ》、丸鋸《まるのこ》などの**金鋸《かなのこ》**を使用する。

注意　・**チップソーカッターやパイプカッターを使用するのではない！**

■継手の施工

・単式伸縮管継手を使用する場合は、**配管**を固定して片方の配管にガイドを設ける。

・複式伸縮管継手を使用する場合は、**伸縮管継手本体を固定**し、当該伸縮管継手の両端に接続される配管に**ガイド**を設ける。

注意　・**伸縮管継手本体を固定しないは間違い！**

・配管用炭素鋼鋼管は、**ねじ込み式可《か》鍛《たん》鋳《ちゅう》鉄《てつ》製《せい》管《くだ》継《つぎ》手《て》**などを用いて、溶接接合とする。

・開放系の冷温水配管において、鋼管とステンレス鋼管を接合する場合は、絶縁継手を介して接合する。

複式伸縮管継手

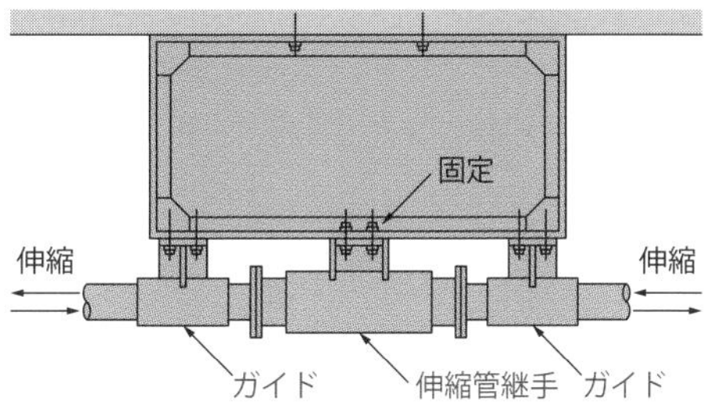

■配管内の空気

・冷温水配管の空気抜きに自動空気抜き弁を設ける場合、当該空気抜き弁は、管内が**正圧**になる箇所に設ける。

第8章　施工管理

Lesson 14 配管の施工（2）

一次

二次

揚水管の試験圧力

よう、　私の圧力で
（揚水管）（試験圧力）

2倍　とれたな、ごみ
（2倍と　　0.75MPa）

揚水管の試験圧力は、揚水ポンプの全揚程の2倍かつ0.75MPa以上とする。

■配管の支持

- Uボルトは、配管軸方向の滑りに対する拘束力が**小さい**ため、配管の固定支持には**使用しない**。
- 配管からさらに配管を吊る**共《とも》吊《づ》り**は、上部の配管に過大な応力がかかり破損、損傷する可能性があるので、**してはならない**。
- 配管の防振支持に吊り形の**防振ゴム**を使用する場合は、防振ゴムに加わる力の方向が**鉛直下向き**となるようにする。
- 伸縮する立て管を振れ止め支持する場合は、支持点で管が**上下**にスライドできるようにする。
- ポンプの振動が防振継手により配管と**絶縁**されている場合でも、配管内の圧力変動等による**振動防止**のため、配管の防振支持の検討が**必要である**。

■弁

- 仕切弁の最高許容圧力は、管内の流体が脈動水の場合と静流水の場合とでは**異なり**、脈動水の場合の方が静流水の場合よりも**小さく**なる。

注意　・同じではない！

- 弁棒が弁体の中心にある中心型の**バタフライ**弁は、冷水温水切替え弁などの**全閉全開**用に適している。

■配管の勾配

- パッケージ形空気調和機の冷媒配管は、勾配を設ける**必要はない。**
- 強制循環式の下向き給湯配管では、給湯管、返湯管とも先下がりとし、勾配は**1/200 以上**とする。
- 遠心ポンプの吸込み管は、**ポンプに向かって** 1/100 程度の**上り勾配**とし、管内の空気がポンプ側に抜けないようにする。

注意　**・下り勾配ではない！**

■リバースリターン方式

- 中央式の強制循環給湯配管は、リバースリターン方式とする**必要はない。**
- 中央式の強制循環冷温水配管は、リバースリターン方式が**有効である。**

■空気調和機の配管

- 空気調和機への冷温水量を調整する混合型電動 3 方弁は、一般的に、空調機コイルからの**還り**管に設ける。

注意　**・往き管ではない！**

- 空気調和機への冷温水配管の接続では、往き管を空調機コイルの**下**部接続口に、還り管を上部接続口に接続する。

■冷温水配管

- 冷温水配管の主管から枝管を分岐する場合、**エルボ**を 3 個程度用いて、管の伸縮を吸収できるようにする。
- 冷温水横走り配管の径違い管を偏心レジューサーで接続する場合、管内の**上**面に段差ができないように接続する。

注意　**・下面ではない！**

■配管の試験

- 揚水管の試験圧力は、揚水ポンプの全揚程の **2 倍**かつ **0.75MPa** 以上とする。
- 冷媒配管の接続完了後は、**窒素ガス**、**炭酸ガス**、**乾燥空気**等を用いて、気密試験を行う。

Lesson 15

ダクトの施工（1）

一次
二次

横走りの主ダクト振れ止めの支持間隔

主ダクトの耐震支持は

十二分に行おう
（12m）

横走りの主ダクトに振れ止め支持をする場合の支持間隔は、12m 以下ごとである。

■ダクトの加工、支持等

- 排煙ダクトを亜鉛鉄板製長方形ダクトとする場合、かどの継目に強度の強い**ピッツバーグはぜ**を用いる。
- 亜鉛鉄板製の排煙ダクトと排煙機の接続は、原則として、たわみ継手等を介さずに、**直接フランジ接合**とする。
- 長辺が **450mm** を超える保温を施さない亜鉛鉄板製ダクトには、**補強リブ**を入れる。
- 長辺が **750mm 以上**の長方形ダクトの場合、角の継目は **2 か所以上**とする必要がある。

注意　・1 か所とするは間違い！

- 横走りの主ダクトに設ける振れ止め支持の支持間隔は **12m 以下**とするが、梁貫通箇所等の振れを防止できる箇所は振れ止め支持と**みなしてよい**。
- 立てダクトの支持は 1 フロア 1 か所とするが、階高が **4m を超える**場合には中間に支持を追加する。

■コーナーボルト工法ダクト

- コーナーボルト工法ダクトのフランジ用ガスケットは、フランジ幅の中心線より**外側**に貼り付け、コーナー部を**避けて**オーバーラップさせる。
- コーナーボルト工法ダクトのフランジのコーナー部では、**コーナー金具まわり**と**四隅**のダクト内側のシールを確実に行う。
- コーナーボルト工法ダクトの角部のはぜは、アングルフランジ工法ダクトの場合と**同じ構造としてよい**。

■アングルフランジ工法ダクト

- アングルフランジ工法ダクトは、フランジ接続部分の鉄板の折返しを**5mm 以上**とする。
- アングルフランジ工法では、低圧ダクトか高圧ダクトかにかかわらず、ダクトの吊り間隔は**同じ**としてよい。

■共板フランジ工法ダクト

- 共板フランジ工法ダクトのフランジ押さえ金具（クリップなど）は**再使用しない**。
- 共板フランジ工法のフランジ押さえ金具（クリップなど）の取付けは、ダクト寸法にかかわらず、四隅のボルトの間に**複数個設ける**必要がある。

注意　**・四隅のボルトの間に1つではない！**

- 共板フランジ工法の横走りダクトの吊り間隔は、アングルフランジ工法より**短く**する。

■ダクトの板厚

- 共板フランジ工法ダクトに使用するガスケットは、アングルフランジ工法ダクトに使用するガスケットより**厚い**ものを使用する。
- 亜鉛鉄板製長方形ダクトの板厚は、ダクト両端の寸法が異なる場合、その**最大**寸法による板厚とする。
- 長方形ダクトの直角エルボには案内羽根を設け、案内羽根の板厚はダクトの板厚と**同じ**厚さとする。
- 排煙ダクトに使用する亜鉛鉄板製の長方形ダクトの板厚は、**高圧**ダクトの板厚とする。
- フランジ用ガスケットの厚さは、アングルフランジ工法ダクトでは**3mm 以上**、コーナーボルト工法ダクトでは**5mm 以上**を標準とする。

Lesson 16

ダクトの施工（2）

一次　二次

スパイラルダクトの吊り金物

さんざんよ、負のスパイラル
（300 mm以下）（スパイラルダクト）

あえて　ばんそうこう
（亜鉛鉄板）（バンド）

直径300mm以下のスパイラルダクトの吊り金物には、棒鋼にかえて亜鉛鉄板を帯状に加工したバンドを使用してもよい。

■スパイラルダクト

- スパイラルダクトの接続には、一般的に、小口径には**差込み継手**、大口径には**フランジ継手**が使用される。
- 口径が**600mm以上**のスパイラルダクトの接続は、一般的に、**フランジ継手**が使用される。
- 直径**300mm以下**のスパイラルダクトの吊り金物には、棒鋼にかえて**亜鉛鉄板**を帯状に加工したバンドを使用してもよい。

注意　・500mm以下ではない！

- 亜鉛鉄板製スパイラルダクトは、亜鉛鉄板をら旋状に甲はぜ機械掛けしたもので、高圧ダクトにも使用できる。
- スパイラルダクトの差込接合は、鋼製ビスで周囲を固定し、**シール材**を塗布した後、ダクト用テープを**二重巻き**にしたものとする。

注意　・「シール材の塗布は不要である」は間違い！

■風量調整ダンパー、VAVユニット点検口・測定口

- 風量調整ダンパーは、対向翼ダンパーの方が平行翼ダンパーより風量調整機能が優れている。
- 送風機の吐出し口直後に風量調節ダンパーを取り付ける場合、風量調節ダンパーの羽根の回転軸が送風機の羽根車の回転軸に対し**直角**となるようにする。

注意　**・平行ではない！**

- 風量調整ダンパーの取付け位置は、エルボ部よりダクト幅の**8**倍以上離れた直線部分とする。

注意　**・2倍程度ではない！**

- 変風量（VAV）ユニットは、原則として、ユニット入口長辺寸法の**2倍以上**の長さの直管が上流側にある位置に取り付ける。
- 長方形ダクトに取り付ける風量測定口は、ダクト辺に**200mm**から**300mm**ピッチ程度で取り付ける。
- サプライチャンバーやレタンチャンバーの点検口の扉は、原則として、チャンバー内が正圧の場合は**内**開き、負圧の場合は**外**開きとする。

■吹出口

- 送風機吐出し口とダクトを接続する場合、吐出し口断面からダクト断面への変形における拡大角は**15°以下**とする。
- 送風機の吐出し口直後に**エルボ**を取り付ける場合、吐出し口からエルボまでのダクトの長さは、送風機の羽根車の径の**1.5倍以上**とする。
- シーリングディフューザー形吹出口は、居住域に空調空気を行き渡らせるために、最**大**拡散半径が**重なる**ように配置する。
- シーリングディフューザー形吹出口は、最**小**拡散半径が**重ならない**ように配置する。

注意　**・最大拡散半径ではない！**

- シーリングディフューザー形吹出口では、一般的に、中コーンが**下**にあるとき、気流は天井面に沿って水平に拡散する。
- シーリングディフューザー形吹出口は、暖冷房効果をあげるため、冷房時には、中コーンを**下げ**、暖房時には、中コーンを**上げる**。

Lesson 01

労働安全衛生法（1）

一次
二次

作業場所の巡視

マイ　作業着は
（毎作業日）

洗濯重視　最低1日1回
（巡視）　　　（1回以上）

特定元方事業者の作業場所の巡視は、毎作業日に1回以上行う。

■特定元方事業者

・特定元方事業者は、下請けも含めた作業場の労働者が**常時50人以上**の場合（ずい道等の建設の仕事等を除く）、**統括安全衛生責任者**を選任しなければならない。
・特定元方事業者は、選任した統括安全衛生責任者に、**元方安全衛生管理者**の指揮をさせなければならない。
・特定元方事業者は、下請けも含めた作業場の労働者が常時**20人以上50人未満**となる場合は、**店社安全衛生管理者**を選任しなければならない。
・特定元方事業者は、**関係請負人**が行う労働者の安全のための教育に対する**指導**及び**援助**を行う措置を講じな

「安全管理体制図」

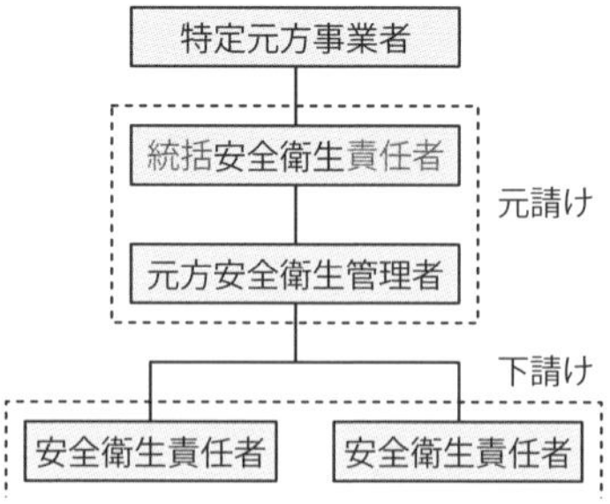

「＊元請け・下請け含め常時50人以上の場合」

ければならない。

- 特定元方事業者は、**毎作業日**に少なくとも**1回**、作業場所の**巡視**を行わなければならない。

■元方安全衛生管理者

- 総括安全衛生責任者を選任した元方事業者が選任する。
- **元方安全衛生管理者の選任**は、その事業場に**専属の者**を選任して行わなければならない。

■関係請負人

- 関係請負人は、統括安全衛生責任者を選任すべき事業者**以外の請負人**のことで、**安全衛生責任者**を選任し、その者に統括安全衛生責任者との**連絡**等を行わせなければならない。

■統括安全衛生責任者

- 統括安全衛生責任者は、関係請負人が行う労働者の安全又は衛生のための教育に対する指導及び援助の**統括管理**をしなければならない。
- 統括安全衛生責任者が統括管理しなければならない事項には、**協議組織**の**設置**及び**運営**、作業間の**連絡調整**、作業場所の**巡視**、関係請負人が行う労働者の**安全又は衛生のための教育**に対する**指導**及び**援助**などがある。

注意　**・労働災害の原因の調査や再発防止対策、健康診断の実施などは入らない！**

■職長等の教育

教育内容
・**作業方法の決定**及び**労働者の配置**に関すること
・労働者に対する**指導**又は**監督の方法**に関すること
・法に定める事項の**危険性又は有害性**等の**調査**及びその結果に基づき講ずる**措置**に関すること
・現場監督者として行うべき労働災害防止活動に関すること
・**異常時**等における**措置**

Lesson 02

労働安全衛生法（2）

一次
二次

作業主任者の選任

作業しよ、
（作業主任者）

ごめん異常な足で
（5m 以上）　　（足場）

事業者は、高さが 5m 以上の構造の足場の組立て作業をするときは、作業主任者を選任しなければならない。

■特別教育の主な業務例

- 高さが **2m 以上**の作業床のない箇所でフルハーネス型墜落制止用器具を用いて行う作業に係る業務
- 研削といしの取替え又は取替え時の試運転の業務
- 最大荷重 **1t 未満**のフォークリフトの運転業務
- つり上げ荷重が **5t 未満**のクレーン
- つり上げ荷重が **1t 未満**の移動式クレーンの運転
- つり上げ荷重が **1t** 未満のクレーン、移動式クレーン又はデリックの**玉掛け**の業務
- 高圧室内作業に係る業務
- **酸素欠乏危険場所**における作業に係る業務
- 作業床の高さが **10m 未満**の高所作業車の運転
- 足場の組立て、**解体**又は変更の作業に係る業務
- 建設用リフトの運転の業務　　など

■事業者が行わなければならないことの例

- 事業者は、高さが**2m以上**の箇所での作業において、強風、大雨等の天候により危険が予想されるときは、当該作業に労働者を従事させてはならない。
- 事業者は、ガス溶接等の業務に使用する溶解アセチレンの容器は、**立てた状態**で保管しなければならない。

注意　**・横に倒した状態ではない！**

- 事業者は、**3m以上**の高所から物体を投下するときは、適当な投下設備を設け、監視人を置く等労働者の危険を防止するための措置を講じなければならない。
- 事業者は、常時**50人以上**の労働者を使用する事業場ごとに、**産業医**を選任しなければならない。

■作業主任者の選任

作業主任者名	作業内容
高圧室内作業主任者	高圧室内作業
ガス溶接作業主任者	アセチレン溶接装置、ガス集合溶接装置での金属溶接、溶断の作業
コンクリート破砕器作業主任者	コンクリート破砕器を用いて行う破砕の作業
地山の掘削及び土止め支保工作業主任者	掘削面の高さが**2m以上**となる地山の掘削の作業及び**土止め支保工の切ばり又は腹起こし**の取付け、取外し作業
型枠支保工の組立て等作業主任者	型枠支保工の組立て又は解体の作業
足場の組立て等作業主任者	つり足場、張出し足場又は高さが**5m以上**の構造の足場の組立て解体又は変更作業
建築物等の鉄骨の組立て等作業主任者	建築物の骨組み・塔であって高さが**5m以上**の金属製の部材により構成されるものの組立て、解体、変更
コンクリート造の工作物の解体等作業主任者	**コンクリート造**の工作物（高さ**5m以上**に限る）の解体又は破壊の作業
酸素欠乏・硫化水素危険作業主任者	酸素欠乏及び硫化水素危険場所における作業 ※マンホール内の通信ケーブル敷設作業等
石綿作業主任者	工場、建築物の解体・改修工事などで**石綿**を取り扱う作業

- 事業者は、作業主任者を選任したときは、当該作業主任者の氏名及びその者に行わせる事項を関係労働者に**周知**させなければならない。

一次
二次

Lesson 03

労働基準法

労働時間と休憩時間

記録を超えたら　祝杯はしご
(6時間を超える)　　(45分)

やけっぱちなら1軒だけ
(8時間)　　　　　　(1時間)

使用者は、労働時間が6時間を超える場合は少なくとも45分、8時間を超える場合は少なくとも1時間の休憩時間を与えなければならない。

■労働契約

- 使用者とは、事業主又は事業の経営担当者その他その事業の労働者に関する事項について、事業主のために行為をするすべての者をいう。
- 使用者は、労働者を解雇しようとする場合においては、原則として、少なくとも**30日前**にその予告をしなければならない。
- 使用者は、各事業場ごとに**労働者名簿**を、各労働者（日々雇い入れられる者を除く。）について調製し、労働者の**氏名**、**生年月日**、**履歴等**を記入しなければならない。
- 使用者は、労働契約の**不履行**について**違約金**を定め、又は**損害賠償額**を予定する契約をしてはならない。
- 労働基準法で定める基準に**達しない**労働条件を定める労働契約は、その部分については**無効**であり、労働基準法に定められた基準が適用される。
- 使用者は、労働契約に附随して**貯蓄**の契約をさせ、又は貯蓄金を管理する契約を**してはならない。**
- 使用者は、**満18歳**に満たない者を使用する場合、その年齢を証明する**戸籍証明**

書を事業場に備え付けなければならない。

注意 **・満20歳ではない！**

- 使用者は、**満18歳**に満たない者を、**クレーンの玉掛け**の業務（二人以上の者によって行う玉掛けの業務における補助作業の業務を除く。）に就かせてはならない。
- 使用者は、**満18歳**に満たない者を、**最大積載荷重2t以上**の人荷共用若しくは荷物用のエレベーター又は高さが**15m以上**のコンクリート用エレベーター運転の業務に就かせてはならない。

注意 **・最大積載荷重1t以上ではない！**

- 常時**10人以上**の労働者を使用する使用者は、就業規則を作成して所轄労働基準監督署長に届け出なければならない。

注意 **・20人未満は届けなくてよいは間違い！**

■賃金

- 賃金は、**毎月**1回以上、一定の期日を定めて支払わなければならない。
- 使用者の責に帰すべき事由による休業の場合においては、使用者は、休業期間中当該労働者に、その平均賃金の**100分の60以上**の休業手当を支払わなければならない。

注意 **・100分の50以上ではない！**

■労働時間・休憩・休日・有給休暇

- 使用者は、労働者に、原則として、休憩時間を除き1週間について**40時間**、1日について**8時間**を超えて労働させてはならない。
- 使用者は、その雇入れの日から起算して6箇月間継続勤務し、全労働日の**8割以上**出勤した労働者に対して、原則として、10労働日の有給休暇を与えなければならない。

注意 **・7割ではない！**

プラスアルファ

平均賃金

これを算定すべき事由の発生した日以前の3箇月間にその労働者に対し支払われた賃金の総額を、その期間の総日数で除した金額のこと。

第９章　法規

Lesson 04

一次

建築基準法（1）

地階

地下は、さむい～
（地階）　　（1/3）

地階とは、床が地盤面下にある階で、床面から地盤面までの高さがその階の天井の高さの 1/3 以上のものをいう。

■建築基準法の用語

建築物	・土地に定着する工作物のうち、屋根・柱・壁を有するもの、これに附属する門・塀等。
特殊建築物	・学校、体育館、病院、劇場、展示場、百貨店、旅館、**共同住宅**、倉庫、自動車車庫、危険物の貯蔵場等。 注意　**・一般住宅は特殊建築物ではない！**
建築設備	・建築物に設ける電気、ガス、給水、排水、換気、暖房、冷房、**消火**、排煙もしくは**汚物処理**の設備又は**煙突**、昇降機もしくは避雷針。
主要構造部	・壁、柱、床、はり、屋根、階段（構造上重要でない間仕切壁、間柱、付け柱、揚げ床、**最下階の床**、回り舞台の床、小ばり、ひさし、局部的な小階段、屋外階段その他これらに類する建築物の部分を**除く**）。
延焼のおそれのある部分	・隣地境界線、道路中心線又は同一敷地内の２以上の建築物相互の外壁間の中心線から、1 階にあっては **3m 以下**、2 階以上にあっては **5m 以下**の距離にある建築物の部分。

	（**防火上有効**な**公園**、**広場**、**川**その他の**空地**又は**水面**、耐火構造の壁その他これらに類するものに面する部分と、建築物の外壁面と隣地境界線等との**角度**に応じて、通常の火災時における火熱により燃焼するおそれのないものとして国土交通大臣が定める部分を**除く**。）
防火性能	・建築物の周囲において発生する通常の火災による延焼を抑制するために**外壁**又は**軒裏**に必要とされる性能。
大規模の修繕	・建築物の**主要構造部**の1種以上について行う**過半**の修繕。 注意　**・建築物内の配管全体の更新工事は、大規模の修繕に該当しない。**
建築主	・建築主に関する工事の請負契約の**注文者**又は請負契約によらないで**自らその工事をする者**。
地階	・床が地盤面下にある階で、床面から地盤面までの高さがその階の天井の高さの**1/3以上**のもの。 注意　**・2/3以上ではない！**

■建築確認

全国どの場所においても確認済証の交付を受ける必要があるもの

・耐火建築物としなければならない特殊建築物で、その用途に供する部分の床面積の合計が **200**m^2 を超えるもの

注意　**・100**m^2 **ではない！**

・**木造**の建築物で3以上の階数を有し、又は延べ面積が **500**m^2、高さが **13m** もしくは軒の高さが **9m** を超えるもの

・木造以外の建築物で **2** 以上の階数を有し、又は延べ面積が **200**m^2 を超えるもの

プラスアルファ

用途変更の確認申請

「劇場、映画館、演芸場、観覧場、公会堂、集会場　その他」は、同一の用途として規定されているため、映画館から劇場への用途変更は、確認申請書の提出は必要ない。

一次

Lesson 05

建築基準法（2）

建築面積

1 名以下の誓いは
（1m 以下の地階）

ものにならない
（建築物に含まない）

建築面積を算定する場合、地盤面上 1m 以下の地階は、建築物に含めない。

■建築面積

・建築物（地階で地盤面上 1m 以下にある部分を**除く**）の外壁またはこれにかわる柱の中心線（軒、ひさし、はね出し縁その他で当該中心線から水平距離 1m 以上突き出たものがある場合には、その端から水平距離 1m **後退**した線。ただし、一定の条件を満たす 5m 以上ある倉庫等のひさしについては端から 5m 後退した線）で囲まれた部分の**水平投影面積**による。

■延べ面積

・建築物の**各階**の**床**面積の**合計**による。

容積率算定の延べ面積に算入しなくてよい部分
自動車**車庫**等部分、備蓄倉庫部分、蓄電池設置部分、自家発電設備設置部分、**貯水槽**設置部分、宅配ボックス設置部分、**昇降機の昇降路**の部分、共同住宅又は老人ホーム等の共用の廊下又は階段の用に供する部分　など

■階数

・昇降機塔、装飾塔、物見塔その他これらに類する建築物の**屋上**部分の水平投影

面積の合計がそれぞれ当該建築物の建築面積の**1/8以下**のものは、階数に算入しない。

・地階の**倉庫**、**機械室**その他これらに類する建築物の部分で、水平投影面積の合計がそれぞれ当該建築物の建築面積の1/8以下のものは、当該建築物の階数に**算入しない**。

注意　**・地階の居室や会議室は、階数に算入する！**

・建築物の一部が吹抜きとなっている場合、建築物の敷地が斜面または段地である場合その他建築物の部分によって階数が異なる場合は、これらの階数のうち**最大**のものを当該建築物の階数とする。

■建築物の高さ

・**地盤面**からの高さによる。ただし、各規定により基準面及び算定方法は異なる。また、棟飾、防火壁の屋上突出部等、屋上突出物は、当該建築物の高さには算入しない。

プラスアルファ

地盤面

建築物が周囲の地面と接する位置の**平均**の高さにおける水平面をいい、その接する位置の高低差が3mを超える場合においては、その高低差3m以内ごとの**平均**の高さにおける水平面をいう。

■特殊建築物等の避難及び消火に関する技術的基準

・定める用途に供する特殊建築物、階数が**3以上**である建築物、政令で定める窓その他の開口部を有しない**居室**を有する建築物または延べ面積が**$1,000m^2$**を超える建築物については、政令で定める技術的基準に従って、**避難上**及び**消火上**支障がないようにしなければならない。

■居室の換気

・居室には換気のための**窓**その他の開口部を設け、その換気に有効な部分の面積は、その居室の床面積に対して、**1/20以上**としなければならない（ただし、政令で定める技術的基準に従って換気設備を設けた場合を除く）。

・定める用途に供する特殊建築物の居室又は建築物の**調理室**、**浴室**その他の室でかまど、コンロその他火を使用する設備または器具を設けたものには、換気設備を設けなければならない。

Lesson 06

一次

建築基準法（3）

排水設備

トラップに強　盗
（5㎝）（10㎝）

排水トラップの深さは、
5cm 以上 10cm 以下と
すること。

■換気設備

- 換気設備を設けるべき調理室等の給気口は、原則として、当該室の天井高さの **1/2 以下**の位置に設けなければならない。
- 換気設備を設けるべき調理室等の排気口は、原則として、当該室の天井または天井から下方 **80cm 以内**の高さの位置に設けなければならない。
- 発熱量 **6kW 以下**の火を使用する場合、換気用小窓付きサッシがある居室（調理室を除く）に火気を使用する室としての換気設備を**設けなくてもよい。**
- 換気設備の風道が準耐火構造の防火区画を貫通する部分に近接する部分に防火ダンパを設ける場合、防火ダンパと防火区画の間の風道は、厚さ **1.5mm 以上**の鉄板とする。

注意　・1.0mm 以上ではない！

- 延べ面積が **3,000**m^2 **を超える**建築物の屋内に設ける換気設備のダクトは、防火上支障がないものとして国土交通大臣が定める部分を除き、**不燃材料**で造らなければならない。

- 建築物（換気設備を設けるべき調理室等を除く。）に設ける自然換気設備の排気口は、給気口より**高い**位置に設け、常時開放された構造とし、かつ、排気筒の立上り部分に**直結**しなければならない。
- 開口部の少ない建築物等の換気設備において、**中央管理**方式の空気調和設備とは、空気を浄化し、その**温度**、**湿度**及び**流量**を調節して供給（排出を含む。）をすることができる設備をいう。

■給水管

- 給水管が準耐火構造の防火区画を貫通する場合、当該管と防火区画との隙間を**モルタル**その他の**不燃材料**で埋めなければならない。
- 給水管が防火区画を貫通する場合、貫通する部分及び貫通する部分からそれぞれ両側**1m以内**の距離にある部分を不燃材料で造る。
- 有効容量が$5m^3$を超える飲料用給水タンクに設けるマンホールは、直径**60cm以上**の円が内接することができる大きさとしなければならない。

■排水設備

- 排水槽の底の勾配は、吸い込みピットに向かって**1/15**以上**1/10**以下としなければならない。

注意　・1/10以上1/5以下ではない！

- 雨水排水立て管を除く雨水排水管を汚水排水のための配管設備に連結する場合、当該雨水排水管に排水トラップ、通気管等を**設置する。**
- 排水再利用水の配管設備は、洗面器や手洗器と**連結してはならない。**
- 排水トラップの封水深は、阻集器を兼ねる排水トラップの場合を除き、**5cm以上10cm以下**としなければならない。

注意　・15cm以下ではない！

プラスアルファ

非常用エレベーターの乗降ロビーの消火設備

非常用エレベーターの乗降ロビーは、屋内消火栓、連結送水管の放水口、非常コンセント設備等の消火設備を設置できる構造としなければならない。

一次

Lesson 07

建設業法（1）

特定建設業の許可

よごせ、
(4,500万円)

なんせ　　特権だろ？
(7,000万円)（特定建設業）

発注者から直接請け負う1件の管工事につき、下請代金の総額が4,500万円（建築工事業の場合は7,000万円）以上となる工事を施工しようとする者は、特定建設業の許可を受けなければならない。

■建設業の許可

許可の種類

営業所を置く都道府県の数	2以上	国土交通大臣許可
	1	都道府県知事許可
下請代金の額	4,500万円（建築工事業は7,000万円）未満	一般建設業許可
	4,500万円（建築工事業は7,000万円）以上	特定建設業許可

許可を受けなくてもよい軽微な建設工事

・工事1件の請負代金の額が**500万円**（建築一式工事の場合は、1,500万円）に満たない工事
・建築一式工事のうち延べ面積が**150m²**に満たない木造住宅工事

- 管工事業を営もうとする者は、**2以上**の都道府県の区域内に営業所を設けて営業をしようとする場合、原則として、**国土交通大臣**の許可を受けなければならない。
- 発注者から直接請け負う1件の管工事につき、下請代金の総額が**4,500万円**（建築工事業の場合は**7,000万円**）**以上**となる工事を施工しようとする者は、**特定**

建設業の許可を受けなければならない。

注意　**・下請代金の総額にかかわらず、は間違い！**

特定建設業許可に係る指定建設業の種類

①土木工事業　②建築工事業　③電気工事業　④**管工事業**
⑤鋼構造物工事業　⑥舗装工事業　⑦造園工事業

注意　**・水道施設工事業は、指定建設業に入らない！**

■請負契約

請負契約書に記載しなければならない事項

①工事内容　②**請負代金**の額　③工事**着手**の時期及び工事**完成**の時期
④工事を**施工しない日**又は**時間帯**の定めをするときは、その内容
⑤請負代金の全部又は一部の前金払いまたは出来形部分に対する支払いの定めをするときは、その支払いの**時期**及び**方法**
⑥天災その他不可抗力による工事の変更又は**損害の負担**及びその額の**算定方法**に関する定め
⑦注文者が工事の全部又は一部の完成を**確認**するための検査の時期及び方法並びに**引渡し**の時期
⑧**価格**等の変動若しくは変更に基づく請負代金の額又は工事内容の変更
⑨契約に関する**紛争**の解決方法

注意　**・現場代理人の権限に関する事項は入っていない！**

■元請負人の義務

- 元請負人は、請負代金の出来形部分に対する支払又は工事完成後における支払を受けたときは、当該支払の対象となった建設工事を施工した下請負人に対して、相応する下請代金を、当該支払を受けた日から**1か月以内**で、かつ、できる限り短い期間内に支払わなければならない。
- 元請負人は、下請負人からその請け負った建設工事が完成した旨の通知を受けたときは、当該通知を受けた日から**20日以内**で、かつ、できる限り短い期間内に、その完成を確認するための検査を完了しなければならない。

注意　**・1か月以内ではない！**

9章　07　建設業法（1）

第１部　ゴロ合わせ編

第９章　法規

一次

Lesson 08 建設業法（2）

専任とする工事

よっ！
（4,000 万円）

家一式が　　ハッピーな　セットで
（建築一式工事）（8,000 万円）　（専任）

工事１件の請負代金の額が 4,000 万円（建築一式工事の場合は、8,000 万円）以上のものである場合は、主任技術者・監理技術者は、原則として、工事現場ごとに、専任の者でなければならない。

■主任技術者及び監理技術者の設置等

- 建設業者は、その請け負った建設工事を施工するときは、原則として、**主任技術者**を置かなければならない。
- 発注者から直接建設工事を請け負った特定建設業者は、下請契約の総額が **4,500 万円**（建築一式工事の場合は、**7,000 万円**）以上になる場合は、**監理技術者**を置かなければならない。

注意　**・下請代金の請負代金にかかわらず、は間違い！**

■専任の主任技術者・監理技術者を必要とする建設工事

- 公共性のある施設または多数の者が利用する施設に関する重要な建設工事で、政令で定めるものについては、主任技術者・監理技術者は、原則として、工事現場ごとに、**専任**の者でなければならない。

・工事1件の請負代金の額が**4,000万円**（建築一式工事の場合は、**8,000万円**）以上のものである場合は、主任技術者・監理技術者は、原則として、工事現場ごとに、**専任**の者でなければならない。

■監理技術者の兼任

・発注者から直接建設工事を請け負った特定建設業者が、監理技術者の行うべき職務を補佐する者として、**監理技術者補佐**を工事現場に専任で置くときは、監理技術者は、工事現場ごとに、専任の者でなくてもよい。
・監理技術者が兼務してもよい工事現場の数は、**2件**である。

■主任技術者の兼任

・専任の主任技術者を必要とする建設工事のうち、**密接な関係**のある2以上の建設工事を同一の建設業者が同一の場所または近接した場所において施工するものについては、**同一**の主任技術者がこれらの建設工事を管理することができる。

■監理技術者の選任要件

・工事現場ごとに、専任の者でなければならない監理技術者は、監理技術者資格者証の交付を受けた者で、所定の**講習**を受講したもののうちから選任しなければならない。
・専任の者でなければならない監理技術者は、当該選任の期間中のいずれの日においても国土交通大臣の登録を受けた講習を受講した日の属する年の翌年から起算して**5**年を経過しない者でなければならない。

■主任技術者・監理技術者の職務等

・主任技術者及び監理技術者は、工事現場における建設工事を適正に実施するため、当該建設工事の施工計画の作成、工程管理、品質管理その他の**技術上の管理**及び当該建設工事の施工に従事する者の**技術上の指導監督**の職務を誠実に行わなければならない。

注意　**・監理技術者の職務に、当該建設工事の請負代金の管理は規定されていない！**

・工事現場における建設工事の施工に従事する者は、主任技術者または監理技術者がその職務として行う指導に従わなければならない。

一次

Lesson 09 消防法（1）

消防の用に供する設備に含まれるもの

今日する用は何だっけ？
（供する）（消防の用に）

そうか、敬老の日なんだ！
（消火）　（警報）（避難）

消防の用に供する設備とは、消火設備、警報設備、避難設備である。

■消防の用に供する設備

・消防の用に供する設備には、消火設備、警報設備、避難設備がある。

> **消防の用に供する設備（消火設備）**
> 消火器及び消火用具、**屋内消火栓**設備、**スプリンクラー**設備、水噴霧消火設備、泡消火設備、**不活性ガス**消火設備、ハロゲン化物消火設備　など

注意　・連結送水管は、消防の用に供する設備に該当しない！

■消火活動上必要な施設

> **消火活動上必要な施設**
> **排煙**設備、**連結散水**設備、**連結送水管**、非常コンセント設備、無線通信補助設備

連結散水設備の例

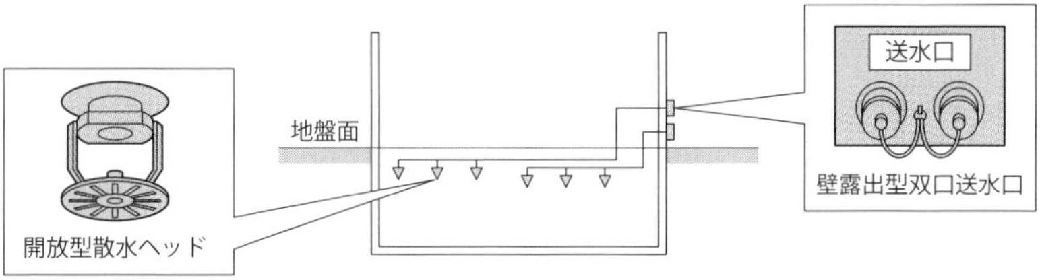

屋内消火栓設備

- 屋内消火栓設備の加圧装置に用いるポンプには、その**吐出**側に圧力計、**吸込**側に連成計を設けるものとする。
- 加圧送水装置は、**直接操作**によってのみ停止ができるものとする。

注意　**・「遠隔操作による停止ができる」は間違い！**

- ポンプには、水源水位がポンプより低い場合、専用の呼水槽を設けるものとする。
- ポンプの始動を明示する表示灯を設ける場合、当該表示灯は**赤**色とし、消火栓箱の内部又はその**直近**に設けるものとする。

1 号消火栓

- 主配管のうち、立上り管は、管の呼びで **50mm 以上**のものとしなければならない。
- 屋内消火栓の開閉弁は、床面からの高さが **1.5m 以下**の位置又は天井に設けることとし、当該開閉弁を天井に設ける場合にあっては、当該開閉弁は**自動**式のものとしなければならない。
- 水源の水量は、屋内消火栓の設置個数が最も多い階における当該設置個数（当該設置個数が 2 を超えるときは、2 とする。）に **2.6**$\mathbf{m^3}$ を乗じて得た量**以上**の量としなければならない。
- 配管の耐圧力は、当該配管に給水する加圧送水装置の締切圧力の **1.5 倍以上**の水圧を加えた場合において、当該水圧に耐えるものとする。
- ポンプの原動機は、**電動機**に限る。
- 加圧送水装置には、**定格負荷運転**時のポンプの性能を試験するための配管設備を設ける。
- 加圧送水装置は、屋内消火栓設備のノズルの先端における放水圧力が **0.7MPa** を**超えない**ための措置を講ずる。

注意　**・超えるための措置ではない！**

一次

Lesson 10 消防法（2）

スプリンクラー設備

開かれた舞台
（開放型）（舞台）

火災の拡大防止のため、劇場の舞台に設けるスプリンクラーヘッドは、一斉散水できる開放型としなければならない。

■スプリンクラー設備

- スプリンクラー設備は、水源、加圧送水装置（ポンプ）、自動警報装置、スプリンクラーヘッド、配管等で構成される。
- スプリンクラーヘッドには常時閉鎖されていて火災時に熱を感知して開放・散水する**閉鎖型**と、常時開放されている**開放型**がある。
- **補助散水栓**は、防火対象物の階ごとに、その階の未警戒となる各部分からホース接続口までの**水平距離**が **15m 以下**となるように設けなければならない。
- **劇場**の舞台部に設けるスプリンクラーヘッドは、**開放型**スプリンクラーヘッドとしなければならない。

注意　・閉鎖型ではない！

- 閉鎖型スプリンクラーヘッドのうち標準型ヘッドは、給排気用ダクト等でその幅又は奥行が **1.2m** を超えるものがある場合には、当該ダクト等の**下面**にも設けなければならない。
- 予作動式の流水検知装置が設けられているスプリンクラー設備にあっては、スプリンクラーヘッドが開放されてから放水までの時間を **1 分以内**としなければならない。

・末端試験弁は、閉鎖型スプリンクラーヘッドを用いるスプリンクラー設備の**流水検知装置**又は**圧力検知装置の作動**を試験するために設ける。

注意　**・閉鎖型スプリンクラーヘッドの作動のために設けるのではない！**

・ポンプによる加圧送水装置には、締切運転時における水温上昇防止のための**逃し配管**を設ける。

・消防ポンプ自動車が容易に接近することのできる位置に、**双口**形の送水口を設置する。加圧送水装置には、スプリンクラーヘッドにおける放水圧力が **1 MPa** を超えない措置を講じる。

注意　**・1.5MPa ではない！**

・閉鎖型スプリンクラーヘッドを用いるスプリンクラー設備の配管の末端には、末端試験弁を設ける。

■不活性ガス消火設備

・駐車の用に供される部分及び通信機械室であって常時人がいない部分は、**全域放出**方式としなければならない。

注意　**・局所放出方式ではない！**

・手動式の起動装置は、**1 の防護区画ごと**に設けなければならない。

・貯蔵容器は、防護区画以外の場所に設けなければならない。

・非常電源は、当該設備を有効に **1 時間**作動できる容量以上としなければならない。

・防護区画の換気装置は、消火剤の放射**前**に停止できる構造としなければならない。

・防護区画が 2 以上あり、貯蔵容器を共用するときは、防護区画ごとに**選択弁**を設けなければならない。

プラスアルファ

不活性ガス消火設備

不活性ガスの窒息作用で消火する消火設備。消火剤の汚損が少なく、早期の復旧が目的で電気室や美術館、精密機械、通信機械室などに設置される。

Lesson 11

建設リサイクル法

一次

解体工事の床面積

解体は分別でやれ
(80m²)

特定建設資材使用建築物の解体工事で、床面積が80m²以上の場合は、分別解体をしなければならない。

■建設工事に係る資材の再資源化に関する法律（建設リサイクル法）

- 建設リサイクル法では、特定建設資材を用いた建築物等に係る**解体工事**又はその施工に**特定建設資材**を使用する新築工事等で**一定規模以上**の建設工事（対象建設工事）について、その受注者等に対し、**分別解体**等及び**再資源化**等を行うことを義務付けている。
- 対象建設工事とは、**特定建設資材**を用いた建築物等の解体工事又はその施工に特定建設資材を使用する新築工事などで、**規定の基準以上**のものをいう。

特定建設資材 ①**コンクリート**　②コンクリート及び鉄からなる建設資材 ③**木材**　④アスファルト・コンクリート

■規模の基準

建築物の解体工事	床面積の合計が **80m²** 以上
建築物の新築・増築工事	床面積の合計 **500m²** 以上
建築物の修繕・模様替等工事（リフォーム等）	請負代金の額 1 億円以上
建築物以外の工作物の工事（土木工事等）	請負代金の額 500 万円以上

- 特定建設資材を使用する床面積の合計が **500m²** 以上の建築物の新築工事の受注者は、原則として、当該工事に伴い副次的に生ずる建設資材廃棄物をその**種類**ごとに**分別**しつつ当該工事を施工しなければならない。
- 特定建設資材を用いた建築物の解体工事で、当該解体工事に係る部分の床面積の合計が **80m² 未満**の場合は、分別解体をしなくてもよい。
- 対象建設工事の**発注者**又は**自主施工者**は、工事着手の時期及び工程の概要、分別解体等の計画等の事項を都道府県知事に届け出なければならない。

注意　**・受注者が届け出るのではない！**

- 対象建設工事の発注者又は自主施工者は、工事着手の時期及び工程の概要、分別解体等の計画等の事項を、工事に着手する日の **7 日前**までに都道府県知事に届け出なければならない。
- 「建設業法」上の管工事業のみの許可を受けた者が解体工事業を営もうとする場合は、当該業を行おうとする区域を管轄する**都道府県知事**の登録を受けなければならない。
- 対象建設工事の請負契約の**当事者**は、分別解体等の方法、解体工事に要する費用その他の事項を書面に記載し、**相互に交付**しなければならない。
- 対象建設工事**受注者**は、その請け負った建設工事の全部又は一部を他の建設業を営む者に請け負わせようとするときは、当該他の建設業を営む者に対し、当該対象建設工事について届け出られた分別解体等の**計画**等の事項を**告げなければならない。**
- 対象建設工事の**元請業者**は、当該工事に係る特定建設資材廃棄物の再資源化等が完了したときは、その旨を当該工事の**発注者**に**書面**で報告するとともに、当該再資源化等の実施状況に関する**記録**を作成し、これを**保存**しなければならない。
- 分別解体等に伴って生じた特定建設資材廃棄物である木材については、工事現場から **50km 以内**に再資源化をするための施設がない場合、再資源化に代えて縮減をすれば足りる。

一次

Lesson 12 廃棄物処理法

産業廃棄物

神木君　　　繊細　　こころのかけら
（紙くず・木くず）（繊維くず）（コンクリートの破片）

おでこに　はい、プラス
（汚泥）　　　（廃プラスチック類）

産業廃棄物には、工作物の新築・改築・除去に伴って生じる紙くず、木くず、繊維くず、コンクリートの破片や汚泥、廃プラスチック類等がある。

■廃棄物の処理及び清掃に関する法律（廃棄物処理法）

・廃棄物処理法の目的は、廃棄物の排出を**抑制**し、廃棄物の適正な分別、保管、収集、運搬、再生、処分等の処理をし、生活環境を清潔にすることにより、生活環境の保全及び**公衆衛生**の向上を図ることである。

■許可

・もっぱら**再生利用**の目的となる産業廃棄物の品目のみの収集運搬を行う者は、産業廃棄物収集運搬業の**許可を受ける必要がない。**

・産業廃棄物の処分を業として行おうとする者は、都道府県知事から産業廃棄物処分業者の**許可**を受けることにより、産業廃棄物の**運搬**及び**処分**を**受託**することができるが、**一括して受託することはできない。**

注意　・一括して受託することができるは間違い！

■委託契約

・事業者は、産業廃棄物の運搬又は処分を委託する場合には、契約は書面で行い、委託契約書及び書面を契約の終了の日から**5年間**保存しなければならない。

- 事業者は、電子情報処理組織を使用して産業廃棄物の運搬又は処分を委託する場合、委託者に産業廃棄物を引き渡した後、**3日以内**に情報処理センターに登録する必要がある。

■廃棄物の処理

- 事業者は、建設工事に伴い発生した産業廃棄物を事業場の外の$300m^2$以上の保管場所に保管する場合、非常災害のために必要な応急措置として行う場合を除き、事前にその旨を**都道府県知事**に届け出なければならない。
- 排出事業者が自ら産業廃棄物を運搬する場合、その運搬車両には**産業廃棄物収集運搬車**である旨と、**排出事業者名**を表示しなければならない。
- 建築物の改築に伴って生じた廃石こうボード、木くず、繊維くずは、**管理型最終処分場**で処理される。

注意　**・安定型最終処分場で処分されるのではない！**

プラスアルファ

安定型最終処分場
有害物や有機物が付着しておらず、雨水等にさらされてもほとんど変化しない廃プラスチック類、ゴムくず、金属くず、ガラスくず・コンクリートくず・陶磁器くず、がれき類の安定5品目等は、安定型最終処分場で処理することができる。

■産業廃棄物管理票

- 事業者は、排出した産業廃棄物の運搬又は処分を委託する場合、**電子情報処理**組織を使用して、産業廃棄物の種類、数量、受託者の氏名等を情報処理センターに登録したときは、産業廃棄物管理票を**交付しなくてもよい**。
- 産業廃棄物管理票を交付した事業者は、当該管理票に関する報告書を作成し、**都道府県知事**に提出しなければならない。
- 産業廃棄物管理票（マニフェスト）を交付された処分受託者は、当該処分を終了した日から**10日以内**に、管理票交付者に当該管理票の写しを送付しなければならない。

注意　・20日以内ではない！

- 排出事業者は、専ら**再生利用**の目的となる産業廃棄物のみの**運搬**又は**処分**を業として行う者に、再生利用する産業廃棄物のみの運搬又は処分を委託する場合、産業廃棄物管理票（マニフェスト）の交付を**要しない**。

第9章　法規

一次

Lesson 13 その他関係法規

騒音規制法

やかましい子は騒音
(8)　　　(5)

むかつく騒音
(6日)

特定建設作業の騒音は、特定建設作業の場所の敷地の境界線で85デシベルを超えてはならない。連続して6日を超えて行われる特定建設作業に伴って発生してはならない。

■騒音規制法

・騒音規制法は、工場及び事業場における事業活動並びに**建設工事に伴って発生する相当範囲にわたる騒音**について必要な規制を行うとともに、自動車騒音に係る許容限度を定めること等により、生活環境を保全し、国民の健康の保護に資することを目的とする。

主な特定建設作業

・**くい打機**（もんけんを除く。）、くい抜機又はくい打くい抜機（圧入式くい打くい抜機を除く。）を使用する作業（くい打機をアースオーガーと併用する作業を除く。）
・**びょう打機**を使用する作業
・さく岩機を使用する作業（作業地点が連続的に移動する作業にあっては、一日における当該作業に係る二地点間の最大距離が50mを超えない作業に限る。）
・**空気圧縮機**（電動機以外の原動機を用いるものであって、その原動機の定格出力が 15kW 以上のものに限る。）を使用する作業（さく岩機の動力として使用する作業を除く。）
・コンクリートプラント（混練機の混練容量が $0.45m^3$ 以上のものに限る。）又はアスファルトプラント（混練機の混練重量が 200kg 以上のものに限る。）を設けて行う作業（モルタルを製造するためにコンクリートプラントを設けて行う作業を除く。）
・その他、一定の規格のバックホウ、トラクターショベル、ブルドーザーを使用する作業　　など

- **特定**建設作業とは、建設工事として行われる作業のうち、著しい騒音を発生する作業であって、**びょう打機**を使用する作業等をいう。
- 建設作業として行われる作業のうち、著しい騒音を発生する作業であっても、当該作業がその作業を**開始した日に終わる**ものは、特定建設作業に**該当しない。**

注意　**・該当するは間違い！**

- 特定建設作業の実施の届け出は、当該特定建設作業の開始の日の **7 日前**までに行わなければならない。
- 特定建設作業の騒音は、当該特定建設作業の場所において**連続して 6 日を超えて**行われる特定建設作業に伴って発生するものであってはならない。
- 特定建設作業を伴う建設工事を施工しようとする者は、特定建設作業の場所及び実施の期間等の事項を**市町村長**に届け出なければならない。

注意　**・都道府県知事ではない！**

■高齢者、障害者等の移動等の円滑化の促進に関する法律

- **建築主**等は、床面積が **$2,000m^2$ 以上**の**特別特定建築物**の建築をしようとするときは、当該特別特定建築物を、円滑化のために必要な建築物特定施設の構造及び配置に関する政令で定める基準に**適合させなければならない。**

主な特別特定建築物

学校、**病院**、劇場、集会場、展示場、百貨店、ホテル、保健所、老人ホーム、老人福祉センター、体育館、博物館、美術館又は**図書館**、公衆浴場、飲食店、理髪店　　など

～労働安全衛生法～ 覚えておきたい数値・用語チェック

□□ 建設業の事業者は、常時 100 人以上の労働者を使用する事業場ごとに、**総括安全衛生管理者**を選任し、労働者の危険又は健康障害を防止するための措置に関する業務を統括管理させなければならない。

□□ 統括安全衛生責任者を選任した事業者は、厚生労働省令で定める資格を有する者のうちから、**元方安全衛管理者**を選任し、その者に統括安全衛生責任者が統括管理すべき事項のうち、技術的事項を管理させなければならない。

□□ 事業者は、常時 50 人以上の事業場において、労働災害の原因及び再発防止対策で、衛生に係るものについて調査審議させ、事業者に対し意見を述べさせるため、**衛生委員会**を設けなければならない。

□□ 事業者は、移動式クレーンを用いて作業を行うときは、移動式クレーンの運転者及び玉掛けをする者が当該移動式クレーンの**定格荷重**を常時知ることができるよう、表示その他の措置を講じなければならない。

□□ 事業者は、移動式クレーンについては、原則として、**1** 月以内ごとに 1 回、定期に自主検査を行わなければならない。

□□ 事業者は、つり上げ荷重が 1 トン以上 5 トン未満の移動式クレーンの運転（道路上を走行させる運転を除く。）の業務については、小型移動式クレーン運転**技能講習**を修了した者を当該業務に就かせることができる。

□□ 事業者は、可燃性ガス及び酸素を用いて行う金属の溶接については、ガス溶接作業主任者免許を受けた者、ガス溶接に係る**技能講習**を修了した者その他厚生労働省令で定める資格を有する者でなければ、当該業務に就かせてはならない。

□□ 事業者は、ガス溶接等の業務に使用するガス等の容器は、転倒のおそれがないように保持し、容器の温度を **40** 度以下に保たなければならない。

□□ 事業者は、足場の組立てに係る業務（地上又は堅固な床上における補助作業の業務を除く。）に労働者を就かせるときは、当該業務に関する安全のための**特別の教育**を行わなければならない。

□□ 事業者は、高さ 5m 以上の足場組立作業に従事する作業員の指揮をさせるために、当該作業に関する技能講習を修了した足場の組立等の**作業主任者**を選任しなければならない。

□□ 事業者は、石綿等を取り扱う作業に常時従事する労働者について、**1** 月を超えない期間ごとに、従事した作業の概要、当該作業に従事した期間等を記録し、これを当該労働者が当該工事現場において常時当該作業に従事しないこととなった日から **40** 年間保存するものとする。

□□ 事業者は、石綿作業主任者に**保護具**の使用状況を監視させなければならない。

□□ 事業者は、既設の汚水槽の内部で作業する場合、その日の作業を開始する前に当該汚水槽の内部における空気中の酸素及び**硫化水素**の濃度を測定しなければならない。

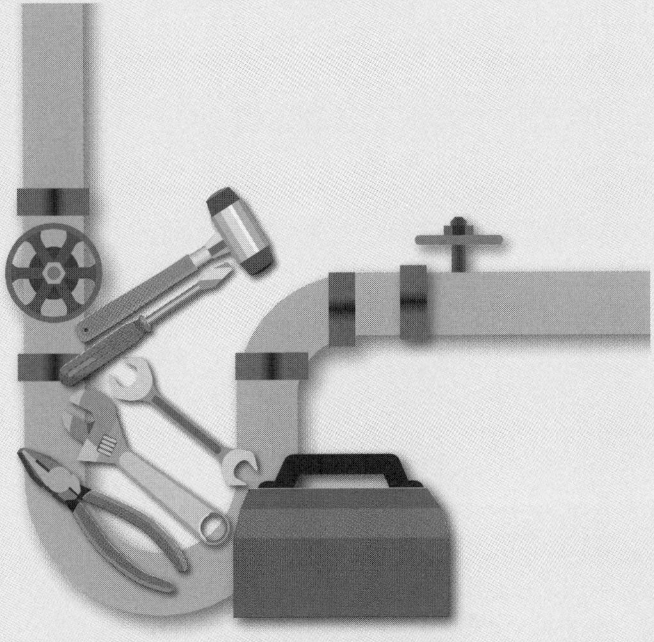

第2部

過去問編

- **「こんなひっかけ問題に注意！」**では、各科目で頻出するひっかけ問題を紹介しています。これらの問題をマスターすれば、**超効率的**に得点アップを狙えます。赤シートを活用して、正しい語句・数値をしっかり覚えましょう。

第２部　過去問編

こんなひっかけ問題に注意！

【機械工学等】

01

大気の透過率は、主に大気中に含まれる~~二酸化炭素~~の量に影響される。

↓

水蒸気

ここも押さえる

- 日射の大気の透過しやすさを日射の**大気透過率**という。
- 大気の透過率は、地表に到達する日射と大気層の入り口における日射の強さの**比**である。

02

人体の代謝量はメット（met）で表され、1met は椅座安静状態の代謝量で単位体表面積（m^2）当たり概ね ~~100W~~ である。

↓

58.2W

ここも押さえる

- 人体のエネルギー代謝の大きさは、人体の活動状態により**変化する。**
- エネルギー代謝率は、作業時と安静時との代謝量の差を**基礎代謝量**で除した値をいう。

03

暖房している室内では、一般的に、天井付近に比べて床付近の方が、結露を~~生じにくい~~。

↓

生じやすい

ここも押さえる

- 室内側より屋外側の面積が大きくなる**建物出隅部分**は、他の部分に比べ室内側の表面温度が低下するため、表面結露を**生じやすい**。

04

空気中の一酸化炭素濃度が 2%になると、20 分程度で人体に~~頭痛、目まい~~が生じる。

↓

致命的な影響

ここも押さえる

- 一酸化炭素（CO）は、酸素不足による不完全燃焼により発生する**無色**、**無臭**の人体に**有害**な気体。
- 一酸化炭素の比重は、二酸化炭素や空気より**小さい**。

05

BOD は、河川等の水質汚濁の指標として用いられ、主に水中に含まれる有機物が~~酸化剤で化学的に~~酸化したときに消費する酸素量をいう。

↓

微生物により

ここも押さえる

- 水中に含まれる有機物が酸化剤で**化学的に酸化**したときに消費する酸素量はCOD（Chemical Oxygen Demand）である。

06

アンモニア（NH_3）は、オゾン層破壊係数は~~大きいが~~、地球温暖化係数が~~0（ゼロ）~~の自然冷媒である。

↓ **1以下**　　↓ **0（ゼロ）で**

ここも押さえる

- **オゾン層**が破壊されると、太陽光に含まれる紫外線が地表へ到達しやすくなり、生物に悪影響を及ぼす。
- 地球温暖化係数（GWP）とは、単位質量当たりの**温室効果**を表す。

07

HFC-134aは、オゾン層破壊係数が0（ゼロ）で、地球温暖化係数が二酸化炭素より~~小さい~~冷媒である。

↘ **大きい**

ここも押さえる

- 指定フロン（**HCFC**）は、補充用を除いて、先進国において、2020年に生産・輸出入が禁止され、、日本でも2020年1月1日より輸入割当が全廃となっている。
- 代替フロン（HFC-134a）は、地球温暖化係数が**高い**ため普及していない。

08

管内の流れは、レイノルズ数が~~小さい~~ときに乱流、~~大きい~~ときに層流となる。

↓ **大きい**　　↓ **小さい**

ここも押さえる

- レイノルズ数は、層流と乱流の判定の目安として用いられる。
- レイノルズ数（Re）＝**慣性力／粘性力**

09

粘性係数が一定のニュートン流体では、粘性によるせん断応力は速度勾配に~~反比例~~する。

↓

比例

ここも押さえる

- 一般に、流体では、物体に作用するせん断応力（摩擦応力）は、流体の速度勾配に**比例**する。
- **空気**や**水**などはニュートン流体として扱われる。

10

水の粘性係数は、水温の上昇とともに~~大きく~~なる。

↓

小さく

ここも押さえる

- 水や油など液体の粘性係数は、水温の上昇とともに**小さく**なり、空気などの気体の粘性係数は、一定の圧力のもとでは、温度の上昇とともに**大きく**なる。

11

粘性流体の運動に影響を及ぼす動粘性係数は、粘性係数を流体の~~速度~~で除した値である。

↓

密度

ここも押さえる

- **動粘性係数**とは、流れに対する粘性の影響の度合いを示したもので、v（動粘性係数）＝ρ（粘性係数）/ μ（流体の密度）で求められる。

12

気体を断熱膨張させても、その温度は~~変化しない~~。

↓

低下する

ここも押さえる

- 気体を断熱膨張すると、気体の熱エネルギーが外部への仕事に変換され、気体の温度は**低下**するが、気体を断熱圧縮すると、外部からの仕事が気体の熱エネルギーに変換され、気体の温度は**上昇**する。

13

圧縮式冷凍サイクルでは、蒸発温度を低くすれば、成績係数は~~大きくなる~~。

↓

小さくなる

ここも押さえる

- 氷蓄熱方式は、水蓄熱方式に比べて冷媒の蒸発温度が低いため、冷凍機成績係数（COP）が**低く**なる。

14

冷媒による冷凍とは、冷凍すべき物体から冷媒が蒸発する際に必要とする顕熱を奪うことである。

↓

潜熱

ここも押さえる

- 融解熱や気化熱のように、状態変化のみに費やされる熱を**潜熱**という。
- 状態は変化せず、液体・気体の温度を変化させる過程が存在する。このときの温度変化のみに費やされる熱を**顕熱**という。

15

熱放射は、物体が電磁波の形で熱エネルギーを放出・吸収する現象であり、その伝達には媒体の存在を~~必要とする~~ため真空中で~~は生じない~~。

↓ **必要としない**　↓ **生じる**

ここも押さえる

- 熱放射は、電磁波によって熱エネルギーが移動するため、熱を伝える物質は**不要**である。
- **熱放射**に関するステファン・ボルツマンの法則により表される関係式で示される定数をステファン・ボルツマン定数という。

16

断熱膨張では、気体の温度が~~上昇~~し、断熱圧縮では気体の温度が~~低下~~する。

↓ **低下**　↓ **上昇**

ここも押さえる

- カルノーサイクルは、**等温膨張**、**断熱膨張**、**等温圧縮**、**断熱圧縮**の四つの可逆過程から構成される。

17

~~気体~~燃料より~~固体~~燃料の方が、一般的に、理論空気量に近い空気量で完全燃焼する。

↓ **固体**　↓ **気体**

ここも押さえる

- 一般に、燃焼用空気と混合しにくい固体燃料より、燃焼用空気と混合しやすい**気体燃料**の方が、理論空気量に近い空気量で完全燃焼する。

18

湿り空気の状態変化について、湿り空気を固体吸着減湿器（シリカゲル）で減湿すると、一般的に、乾球温度~~一定の変化としてよい~~。

↓

は上昇する

ここも押さえる

- シリカゲルを用いた固体吸着減湿を行った場合、吸着熱が発生するため乾球温度は**上昇**する。

19

湿り空気を水スプレーで加湿すると、乾球温度は~~上昇~~する。

↓

低下

ここも押さえる

- 水スプレーによる加湿で、絶対湿度は**上昇**し、乾球温度は**低下**する。
- 蒸気スプレーによる加湿では、絶対湿度と乾球温度がともに**上昇**する。

20

ボイラーの燃焼において、熱損失を少なくするためには、空気過剰率は~~大きい~~ほど望ましい。

↓

小さい

ここも押さえる

- 空気過剰率とは、理論空気量に対する実際に供給された空気量の**比**をいう。
- 空気過剰率が大きすぎると廃ガスの持ち去る熱による**損失**が多くなる。

21

電気加熱器で加熱した場合、相対湿度は~~変化しない~~。

↓ **低下する**

ここも押さえる

- 電気加熱器で加熱した場合、絶対湿度を一定に保ったまま乾球温度を上げているため、相対湿度は**低下**する。

22

燃焼ガス中の窒素酸化物の量は、~~高温~~燃焼時より~~低温~~燃焼時のほうが多い。

↓ **低温**（高温）　↓ **高温**（低温）

ここも押さえる

- 燃焼ガス中の窒素酸化物の量は、燃焼温度が高いほど**増加**する。
- 不完全燃焼時における燃焼ガスには、二酸化炭素、水蒸気、窒素酸化物のほか、**一酸化炭素**等が含まれている。

23

NC曲線の音圧レベル許容値は、周波数が高いほど~~大きい~~。

↓ **小さい**

ここも押さえる

- NC曲線は、横軸に周波数、縦軸に音圧レベルの許容値をとったグラフ上の**右下がり**の曲線で示される。

24

ロックウールやグラスウールは、一般的に、~~中・高~~周波数域よりも~~低~~周波数域の音をよく吸収する。

↓ 低　　↓ 中・高

ここも押さえる

- **ロックウール**保温材は、グラスウール保温材より使用温度の上限が**高い**。
- ロックウール保温材の**ブランケット**は、密度により１号、２号に区分される。

25

水中でイオン化傾向が異なる金属を接触させた場合、イオン化傾向が~~小さい~~金属の方が腐食しやすい。

↓ 大きい

ここも押さえる

- 鋼管とステンレス鋼管等、イオン化傾向が大きく異なる異種金属管の接合には、異種金属接触腐食を防止するため、電気的に絶縁される**絶縁フランジ**を使用する必要がある。

26

マクロセル腐食は、アノードとカソードが分離して生じる電位差により、~~陰極~~部分が腐食する現象である。

→ 陽極

ここも押さえる

- マクロセル腐食では、アノード（陽極）とカソード（陰極）が分離して生じる**電位差**により、**アノード（陽極）**部分が腐食する。
- 異種金属接触腐食では、水中で異なる金属を接触させたとき、イオンになりやすい**イオン化傾向**の**大きい**方の金属が陽極となって、**腐食**する。

27

水中における炭素鋼の腐食は、pH4 以下では、~~ほとんど起こらない~~。

↓

顕著になる

ここも押さえる

- 水中における炭素鋼の腐食は、強酸領域である pH（水素イオン濃度）**4 以下**になると急激に**増大**する。
- 酸性雨は、大気中の硫黄酸化物や窒素酸化物が溶け込んで、pH 値が概ね **5.6 以下**の酸性となった雨のこと。

28

人が触れるおそれがある使用電圧が 400V の金属管には、~~D~~ 種接地工事を施す。

↓

C 種

ここも押さえる

- 使用電圧が **300V 以下**の金属管には、**D 種接地工事**を施す必要がある。なお、使用電圧が **300V** を**超える**低圧（交流では 600V 以下）の金属管には、**C 種接地工事**を施す必要がある。

29

厨房内の電動機用配線工事において、金属管と金属製ボックスを接続するボンド線（裸銅線）~~を省略する~~。

↓

は省略できない

ここも押さえる

- 管相互及び管とボックスその他の附属品とは、ねじ接続その他これと同等以上の効力のある方法により、堅ろうに、かつ、電気的に完全に**接続する**。

30

乾燥した場所に敷設した合成樹脂製可とう管（PF 管）内には、電線の接続部を設けて~~もよい~~。

➘ **はならない**

ここも押さえる

- 合成樹脂製可とう管に限らず、電線管内には電線の接続部を**設けてはならない**。
- PF 管は、自己消火性が**ある**ので、天井内に直接転がして配管したり、コンクリートに埋設して配管したりすることも可能である。

31

インバータによる始動方式は、直入始動方式よりも始動電流が~~大きい~~ため、電源容量を~~大きくする必要がある~~。

↓ **小さい**

➘ **小さくできる**

ここも押さえる

- **インバータ装置**は、商用周波数から任意の周波数に変換して、電動機を可変速運転する。
- インバータで運転すると、電圧波形にひずみを含むため、振動や騒音が**増加**することがある。

32

同期速度は、電動機の極数に~~比例~~し、電源の周波数に~~反比例~~する。

↓ **反比例**

↓ **比例**

ここも押さえる

- 同期速度は、$Ns = 120f/p$ の式で求められる。（Ns：同期速度［min^{-1}（回転毎分）］、f：周波数［Hz］、p：極数（磁極数））

33

スターデルタ始動方式の始動トルクは、じか入れ始動方式の~~$1/\sqrt{3}$~~となる。

↓

1/3

ここも押さえる

- スターデルタ始動方式とは、**三相結線**を切り替えることで三相誘導電動機を始動・運転する方式をいう。
- 制御盤からスターデルタ始動方式の電動機までの配線は、**６本**の電線で接続する。

34

水セメント比は、施工に支障をきたさない範囲で~~大きい~~ことが望ましい。

↓

小さい

ここも押さえる

- **水セメント比**とは、フレッシュコンクリート中のセメントに対する水分の重量比をいう。
- 水セメント比を小さくすると、コンクリートの耐久性は**高く**なる。

35

コンクリートの中性化とは、一般的に、コンクリート表面で接する空気中の~~酸素~~の作用により、アルカリ性を失っていく現象をいう。

↓

二酸化炭素

ここも押さえる

- 水セメント比が小さく密実なコンクリートほど中性化の進行は**遅く**なる。
- コンクリート打込み時に生じる**コールドジョイント**は、構造上の欠陥となりやすい。

36

梁を貫通する配管用スリーブは、コンクリート打設時のずれ防止のため、最寄りの鉄筋に~~接して~~緊結する。

↓

接しないように間隔を設けて

ここも押さえる

- 貫通孔の径の大きさは、梁せいの**1/3以下**とする。
- 梁貫通孔は、上下方向では梁せいの**中心付近**とする。

37

2つの大きさの異なる梁貫通孔の中心間隔は、梁貫通孔の径の平均値の~~2倍~~以上とする。

→ **3倍**

ここも押さえる

- 梁貫通孔補強筋は、**せん断力**によって発生する応力に抵抗できるように、貫通孔の周囲に配筋される。
- 梁貫通孔の径が、梁せいの**1/10以下**、かつ、**150mm未満**の場合は、補強筋を**必要としない**。

38

基礎の鉄筋のかぶり厚さは、捨てコンクリート部分を~~含めた~~厚さとする。

↓

除いた

ここも押さえる

- 鉄筋のかぶり厚さとは、柱においてはコンクリート表面から最も外部側に位置する帯筋、梁においてはコンクリート表面から最も外部側に位置する**あばら筋**等の表面までの**最短距離**をいう。

39

空気調和機の機内に設ける加湿装置について、気化方式では、加湿後の空気の温度降下~~は生じない~~。

↓

が生じる

ここも押さえる

- 気化方式の加湿装置では、加湿前の空気が低温度で高湿度であるほど、蒸発しにくくなり、加湿量が**少なく**なる。

40

建物の平面形状は、短辺に対する長辺の比率を~~なるべく大きく~~する。

↓

小さく

ここも押さえる

- 建物の平面形状は、東西面を長辺とした場合、長辺の短辺に対する比率を**小さく**して、**正方形**に近づけるようにすると省エネルギーに効果がある。

41

非空調室は、建物の~~外周部~~より、なるべく~~内側~~に配置する。

↓ **内側**　↓ **外周部**

ここも押さえる

- 空調システムの省エネルギーのためには、建物の外周の東西面に、空調をする必要のない**非空調室**を配置するようにする。

42

ダクト併用ファンコイルユニット方式は、一般に、全空気方式に比べて空気搬送動力が~~大きい~~。

↓

小さい

ここも押さえる

- ダクト併用ファンコイルユニット方式は、全空気方式に比べて、外気冷房をしにくく外気冷房の効果を**得にくい**。

43

ダクト併用ファンコイルユニット方式は、全空気方式に比べ、外気冷房を~~行いやすい~~。

↓

行いにくい

ここも押さえる

- ダクト併用ファンコイルユニット方式は、一般的に、全空気方式（全ダクト方式）に比べて送風機の動力を節減できるので、搬送動力が**小さい**。

44

定風量単一ダクト方式は、変風量単一ダクト方式に比べ、負荷特性の異なる複数のゾーンに対しての負荷変動対応が容易である。

↓ 変　　↓ 定

ここも押さえる

- 定風量単一ダクト方式は、代表室の室温により送風温度を制御させるため、各室の負荷変動パターンが異なる建物の空調に**適していない**。

45 床吹出し方式は、天井吹出し方式に比べて~~暖房~~運転時の居住域における垂直温度差が大きい。

↓ **冷房**

ここも押さえる

- 床吹出し方式では、冷房時には効率的な居住域空調が行えるが、居住域の上部の温度が高く、下部が低くなる**垂直**温度差が避けられない。
- 床吹出し方式は、冷房運転時の吹出し温度差を天井吹出し方式より大きく**できない**。

46 冷房負荷の計算においては、南側の外壁の負荷は、一般的に、~~内外温度差~~を用いて計算する。

↓ **実効温度差**

ここも押さえる

- 日射の影響を受ける外壁からの熱負荷は、室内と室外の温度差である内外温度差ではなく、時間遅れを考慮した**実効温度差**を用いて負荷計算する。
- **暖房**負荷計算では、外壁の負荷は、一般的に、実効温度差は無視する。

47 暖房負荷計算では、一般的に、土間床、地中壁からの熱負荷は見込~~まなくてよい~~。

↘ **む必要がある**

ここも押さえる

- 土間床、地中壁からの通過熱負荷は、一般的に、年中熱損失側であるため、冷房負荷計算においては**無視**するが、暖房負荷計算においては、暖房負荷として**考慮する**必要がある。

48

北面のガラス窓からの日射負荷は、一般的に、直達日射が当たらないい~~ため無視する~~。

→ **が無視せず考慮する**

ここも押さえる

- 北側のガラス窓においても、天空放射の影響を受けるので、日射の影響を**考慮する**必要がある。
- ガラス面からの**熱負荷**は、室内外の温度差によるガラス面通過熱負荷と、透過する太陽放射によるガラス面日射熱負荷に区分して計算する。

49

冷却塔のファンは、~~外気温度~~により二位置制御する。

↓

冷却水温度

ここも押さえる

- 冷却塔のファンは、外気温度ではなく、**冷却水温度**により制御する必要がある。
- 制御方式には、**二位置制御（オンオフ制御）**やインバータによる**回転数制御**などが用いられる。

50

加湿器は、~~冷温水ポンプ~~とのインターロックを設定する。

↓

空気調和機の送風機

ここも押さえる

- 加湿器は、空気調和機の**送風機**とのインターロックを設定し、送風機が停止しているときに加湿器が運転しないように制御される。

51

同じ冷凍能力の吸収冷凍機と圧縮冷凍機では、必要となる冷却塔の冷却能力は~~同じである~~。

↓

異なる

ここも押さえる

- 吸収冷凍機は、凝縮器に加えて再生器にも冷却水を要するので、同じ冷凍能力の圧縮式の冷凍機と比べて、**冷却塔**の必要能力が**大きく**なる。

52

ヒートポンプの採熱源の適応条件は、平均温度が~~低く~~温度変化が~~大きい~~ことが望ましい。

↓ **高く**　↓ **小さい**

ここも押さえる

- ヒートポンプでは、外気温度が低くなると暖房能力が**低下**する。一方、冷凍機の冷房運転では、外気温度が**高く**なると冷房能力が低下する。

53

窓ガラスは、日射熱取得に係る遮へい係数の~~大きい~~ものを計画する。

↓

小さい

ここも押さえる

- 遮へい係数とは、**3mm** 厚の透明ガラスに対する室内に入る日射量の割合を表す。
- 遮へい係数の値が低いほど、日射の遮へい効果が**高い**ため、窓ガラスは、遮へい係数の**小さい**ものを計画する。

54

空気熱源ヒートポンプにおいて、空冷ユニットを複数台連結するモジュール型は、法定冷凍トンの算定をする場合、連結する全モジュールを合算する必要~~がある~~。

➡ **はない**

ここも押さえる

- 空冷ユニットを複数台連結するモジュール型は、**部分負荷**に**対応**して運転台数を変えることができる。

55

氷蓄熱におけるダイナミック方式は、スタティック方式に比べて冷凍機成績係数（COP）が~~低く~~なる。

⬇

高く

ここも押さえる

- スタティック方式は、冷却管の外面に氷を付着させる方式で、氷の成長時に熱伝導抵抗が増加するため、ダイナミック方式に比べて冷凍機成績係数（COP）が**低く**なる。

56

氷蓄熱方式は、氷の融解潜熱を利用するため、水蓄熱方式に比べて蓄熱槽の容量が~~大きく~~なる。

⬇

小さく

ここも押さえる

- 氷蓄熱方式は、温度差による顕熱に加えて氷の**融解潜熱**を利用するため、温度差による顕熱のみ利用する水蓄熱方式に比べて、同じ熱量を蓄熱するための蓄熱槽の容量が**小さく**なる。

57

地域冷暖房の採算面においては、一般的に、地域の熱需要密度は~~小さい~~方が有利である。

大きい

ここも押さえる

- 地域冷暖房には、熱源の集約化により、**人件費**の節約が図れること、火災や騒音のおそれが**小さく**なること等の利点がある。
- 地下鉄の排熱、ゴミ焼却熱等の未利用排熱は、地域冷暖房には**利用することができる。**

58

ガスタービン、ガスエンジン、ディーゼルエンジンのうち、ガスタービンを内燃機関とする発電機の発電効率が最も~~高い~~。

低い

ここも押さえる

- ガスタービンを用いるシステムの発電効率は、ディーゼルエンジン、ガスエンジンを用いるシステムに比べ**低い**。
- 一般的には、発電効率の**高い**順に、ディーゼルエンジン、ガスエンジン、ガスタービンである。

59

マイクロガスタービン発電機を用いたシステムでは、工事、維持、運用に係る保安の監督を行う者として、ボイラー・タービン主任技術者の選任が~~必要~~である。

不要

ここも押さえる

- マイクロガスタービン発電機を用いたシステムとは、**小型**のガスタービンを原動力とする火力発電所のことである。

60

換気用小窓付きサッシがある居室（調理室を除く）に、発熱量 ~~12kW~~ の火を使用する器具を設けた場合は、火気を使用する室としての換気設備を設けなくてもよい。

↓ 6kW 以下

ここも押さえる

- 発熱量の合計が６kW 以下の火を使用する設備又は器具を設けた室（調理室を除く）は、換気上有効な開口部を有する場合、火気を使用する室としての換気設備を**設けなくてもよい**とされている。

61

「建築基準法」では、床面積の ~~1/30~~ 以上の換気上有効な開口がない居室には、換気設備を設けなければならないこととしている。

↓ 1/20

ここも押さえる

- 一般建築物の居室において、床面積の 1/20 以上の換気上有効な開口を取れない場合は、換気設備を**設けなければならない**とされている。
- 特殊建築物の**居室**においては、政令で定める技術的基準に従って、換気設備を設けなければならない。

62

開放式燃焼器具を使用した調理室は、燃焼空気の供給のため、機械換気で室内を~~正圧~~にする。

↓ 負圧

ここも押さえる

- 開放式燃焼器具を使用した調理室は、燃焼空気の供給確保とともに、臭気を他の部分へ拡散させることを**防止**するため、機械換気で室内を負圧にして換気する。

63

2 以上の防煙区画を対象とする場合の排煙風量は、1 分間に 120m^3 以上で、かつ最大防煙区画の床面積 1m^2 につき ~~1~~m^3 以上とする。

↘ 2

ここも押さえる

- 防煙区画の排煙風量は、床面積 1m^2 につき **1m^3/min 以上**の空気を排出する能力を有するものとする。
- 2 以上の防煙区画を対象とする場合の排煙風量は、1 分間に **120m^3 以上**で、かつ、最大防煙区画の床面積 1m^2 につき **2m^3 以上**とする必要がある。

64

排煙口の手動開放装置の手で操作する部分の高さは、天井から吊り下げる場合、床面から概ね ~~1.5~~m の高さとする。

↓

1.8

ここも押さえる

- 排煙口を、天井高さが 3m 未満の壁面に設ける場合、天井から **80cm 以内**、かつ**防煙垂れ壁**の下端より**上**の部分に設ける。

65

常時開放型の排煙口は、2 以上の防煙区画を 1 台の排煙機で受け持つ場合に~~適した~~形式である。

↓

適さない

ここも押さえる

- 2 以上の防煙区画を 1 台の排煙機で受け持つ場合に、**常時開放型**の排煙口を設けると、排出する必要のない非火災区画の空気も排出することがある。

66

排煙設備が設置対象となる建築物において、一般事務室の防煙区画の床面積は、~~1,000~~m^2 以下とする。

500

ここも押さえる

- 自然排煙設備の排煙口は、防煙区画の **1/50 以上**の排煙上有効な開口面積を有する必要がある。
- 自然排煙と機械排煙を、同一の防煙区画において**併用してはならない。**

67

機械排煙設備において、排煙口は吸込み風速を ~~20~~m/s 以下、排煙ダクトはダクト内風速を ~~10~~m/s 以下となるようにする。

20　　10

ここも押さえる

- 機械排煙設備の排煙口は、防煙区画の各部分から水平距離で **30m 以下**となるように設ける。

68

防煙垂れ壁は、防火戸上部及び天井チャンバー方式を除き、天井面より ~~40~~cm 以上下方に突出した不燃材料で造られたものとする。

50

ここも押さえる

- 天井高さが 3m 未満の壁面に排煙口を設ける場合は、天井から **80cm 以内**、かつ**防煙垂れ壁**の下端より**上**の部分とする。

69

~~取水~~施設は、取水された原水を浄水施設まで導く施設であり、その方式には自然流下式、ポンプ加圧式及び併用式がある。

↓

導水

ここも押さえる

- 水道施設のフローは、貯水施設→取水施設→**導水**施設→**浄水**施設→送水施設→配水施設である。
- 取水施設は、取水された原水を**導水**施設へ送り込む施設である。

70

給水管を分岐する箇所での配水管内の動水圧は、~~0.1~~MPa を標準とする。

↓

0.15

ここも押さえる

- 配水支管から給水管に分岐する箇所での最大静水圧は、**0.74MPa を超えない**ようにする。
- ２階建て建物へ直結の給水をするためには、配水管の最小動水圧は **0.15～0.2MPa** 程度確保する必要がある。

71

ウォーターハンマー防止等のため、給水管内の流速は、一般的に、~~4.0m/s 程度~~とする。

↘

2.0m/s 程度以下

ここも押さえる

- ウォーターハンマーとは、**水撃作用**ともいい、管内の水が衝突するときに生じる騒音、振動などの異常現象をいう。

72

受水タンクの容量は、一般的に、~~時間最大予想供給量~~の 1/2 程度の値とする。

↓

1 日予想給水量

ここも押さえる

- 受水タンクの容量を過大に設定すると、タンク内滞留中に残留塩素が消費され、水が**腐敗**しやすくなる。

73

揚水管の横引配管が長くなる場合、~~上層階~~で横引きをする方が水柱分離を生じにくい。

↓

下層階

ここも押さえる

- 揚水管の横引配管が長くなる場合、水圧の低い上層階で横引きをすると水柱分離を**生じやすい**。
- 水柱分離とは、配管内に**負圧**が生じて内部の水が蒸発する現象をいい、水撃作用の原因になる。

74

給湯栓の吐出圧力は、~~循環ポンプの揚程~~により定められる。

↓

給湯栓からの補給水槽の高さ

ここも押さえる

- 循環ポンプの揚程は、**最も長くなる**循環経路の配管の**摩擦損失**抵抗を考慮して求める。
- 給湯栓の最低必要吐出圧力は、循環ポンプの揚程を考慮する事項に**該当しない**。

75

中央式給湯設備の循環ポンプは、強制循環させるため、貯湯タンクの~~出口~~側に設置する。

↓

入口

ここも押さえる

- 中央式給湯設備の貯湯タンクに接続する配管は、一般的に、還り管は**低い**位置で接続し、往き管は**高い**位置で接続する。

76

間接排水管の排水口空間は、管径 65mm の場合、最小 ~~100~~mm とする。

↓

150

ここも押さえる

- **飲料用貯水タンク**の間接排水管の排水口空間は、排水管の**管径にかかわらず** 150mm 以上確保する計画とする。

77

器具排水負荷単位は、~~大便器~~の排水流量を標準に、器具の同時使用率等を考慮して定められたものである。

↘ 洗面器

ここも押さえる

- 器具排水負荷単位法は、通気管の**長さ**などから通気管の管径を決定する方法である。
- 器具排水負荷単位法による通気管の管径算定において、所定の表を使用する場合、通気管長さは通気管の**実長**とし、局部損失相当長を**加算しなくてよい**。

78

管径 100mm の排水管の掃除口の設置間隔は、~~30~~m 以内とする。

↓

15

ここも押さえる

- 管径 100mm 以下の排水横主管には **15m** 以内ごとに、管径 **100mm を超える**排水横主管には **30m** 以内ごとに掃除口を設ける計画とする。

79

特殊継手排水システムには、排水横枝管の流れを排水立て管内に円滑に流入させ、排水立て管内の流速を~~高める~~効果がある。

↓

減ずる

ここも押さえる

- **特殊継手排水システム**は、一般的に、伸頂通気方式とした排水立て管をもつ高層の集合住宅などに採用されている。

80

通気管の末端を窓などの開口部から 600mm 以上立ち上げて開放できない場合は、その開口部から水平に ~~2m~~ 以上離して開放する。

↓

3m

ここも押さえる

- 通気管の開口部が、建物の出入り口、窓、換気口等の付近にある場合、それらの上端から **600mm 以上**立ち上げて開放するか、水平距離で **3m 以上**離す。

81

不活性ガス消火設備は、不活性ガスを放出し、~~ガス成分の化学反応~~により消火するものである。

↓

窒息効果

ここも押さえる

- **窒息**効果では、不活性ガスを放射し、酸素の容積比を低下させる。
- ガス成分の化学反応による負触媒効果により消火するものは**ハロゲン化物消火設備**である。

82

~~1 号消火栓~~は、開閉弁の開放と連動して消火ポンプが起動できる。

↘

易操作性 1 号消火栓および 2 号消火栓

ここも押さえる

- 1 号消火栓は、ホースを延伸してノズルを保持する者と開閉弁を操作する者の通常 **2 人**により操作を行う。

83

都市ガスの種類を表す記号 A、B、C のうち、C は燃焼速度が最も~~遅い~~グループである。

↓

速い

ここも押さえる

- 都市ガスの種類 A・B・C では、燃焼速度は A・B・C の順で**速く**なる。
- 都市ガスの種類の一つである 13A は、**LNG**（液化天然ガス）を主体として製造されたガスである。

84

特定地下室等に都市ガスのガス漏れ警報器を設置する場合、導管の外壁貫通部より ~~10m~~ 以内に設置する。

↓

8m

ここも押さえる

- 天井部分に都市ガスのガス漏れ警報器を設置する場合は、警報器の下端は天井面の下方 **30cm 以内**に設置する。

85

喫茶店の処理対象人員は、~~席数~~に定数を乗じて算定する。

↓

延べ面積

ここも押さえる

- 戸建て住宅の処理対象人員は、住宅の**延べ面積**により **5 人**又は **7 人**に区分される。
- 病院の処理対象人員は、**ベッド数**を用いて算定する。

86

~~往復動~~冷凍機は、~~遠心~~冷凍機に比べて、負荷変動に対する追従性がよく、容量制御も容易である。

↓ **遠心**　　↓ **往復動**

ここも押さえる

- 吸収冷凍機は、遠心冷凍機に比べて、一般的に、運転開始から定格能力に達するまでの時間が**長い**。ロータリー冷凍機は、圧縮機の構造が簡単で、往復動冷凍機に比べて振動が**小さい**。

87

レンジとは、冷却塔出口水温と入口~~空気湿球温度~~の差をいう。

↓

水温

ここも押さえる

- 冷却塔の冷却水入口温度と出口温度の差を**レンジ**という。
- 冷却塔の空気入口湿球温度と冷却水出口温度の差は、**アプローチ**という。

88

炉筒煙管ボイラーは、小型貫流ボイラーに比べて、高度な水処理が~~必要~~である。

→ **不要**

ここも押さえる

- 炉筒煙管ボイラーは、胴内部に炉筒（燃焼室）と多数の煙管を配置したもので、胴内のボイラー水は煙管内を通過する**燃焼ガス**で加熱される。
- 小型貫流ボイラーは、炉筒煙管ボイラーなどよりも保有水量が少ないため、起動時間が**短い**。

89

鋳鉄製ボイラーは、鋼製ボイラーに比べて急激な温度変化に弱いが、高温、高圧、大容量のものの製作が~~可能~~である。

↓

不可能

ここも押さえる

- 鋳鉄製ボイラーは、セクションに分解することで分割搬入が可能で、鋳鉄製のため鋼鈑製に比べ**耐食性**に優れている。

90

ポンプ及び配管系に外部から強制的な力が与えられていないにもかかわらず、管路の流量と圧力が周期的に変動する現象を~~キャビテーション~~という。

↓

サージング

ここも押さえる

- キャビテーションとは、ポンプや配管内の水圧が低下し、**気泡**が生じる現象をいう。
- キャビテーションはポンプの羽根車入口部等で局部的に生じる場合があり、**騒音**や**振動**の原因となる。

91

軸流送風機は、構造的に~~高圧力を必要とする場合~~に適している。

↓

低圧力・大風量

ここも押さえる

- 軸流送風機は、**低圧力・大風量**に適した送風機である。高圧力を必要とする場合に適しているのは、遠心送風機のうちの**後向き羽根送風機**である。

92

HEPA フィルターは、ろ材面積を~~狭く~~することにより、ろ材の通過風速を~~速く~~しており、クリーンルームなどの超高度の空気清浄用に使用される。

↘ **遅く**　　↓ **広く**

ここも押さえる

- 高性能フィルターである HEPA フィルターは、ろ材の目が**細かい。**
- HEPA フィルターは、捕集した粉じんによる圧力損失の上昇が早いため、一般的に、**プレフィルター**を設ける。

93

低圧ダクトは、常用圧力において、正圧、負圧ともに ~~1,000~~Pa までの範囲で使用できる。

↓

500

ここも押さえる

- 低圧ダクトと高圧ダクトは、通常運転時におけるダクト内圧が正圧、負圧ともに **500Pa** で区分され、正圧 **500Pa 以下**・負圧 **500Pa 以内**のダクトが低圧ダクトに分類される。

94

シーリングディフューザー形吹出口は、中コーンを上げると拡散半径が~~大きく~~なる。

↓

小さく

ここも押さえる

- シーリングディフューザー形吹出口は、中コーンを上げると吹出し気流が**下向き**になり、拡散半径が**小さく**なる。

95

アングルフランジ工法ダクトは、共板フランジ工法ダクトに比べて、フランジ接合部の締付け力が~~小さい~~。

↓

大きい

ここも押さえる

- 形鋼でフランジを形成して全周をボルトナットで接合する**アングルフランジ工法ダクト**は、コーナーボルト工法の一つである共板フランジ工法ダクトに比べて、フランジ接合部の締付け力が**大きい**。

96

等摩擦法（定圧法）で寸法を決定したダクトでは、各吹出口に至るダクトの長さが著しく異なる場合でも、各吹出口での圧力差は~~生じにくい~~。

生じやすい

ここも押さえる

- 等摩擦法（定圧法）とは、全てのダクトの単位長さ当たり**摩擦損失**に同じ値を用いてダクトを設計する方法である。

97

ロックウール保温材は、グラスウール保温材より使用温度の上限が~~低い~~。

高い

ここも押さえる

- 保温材の使用温度の上限は、高い順に**ロックウール**保温材、**グラスウール**保温材、**ポリスチレンフォーム**保温材である。
- ロックウール保温材の**ブランケット**は、密度により１号と２号に区分される。

98

現場代理人、監理技術者等（監理技術者、監理技術者補佐又は主任技術者）及び専門技術者は、これを兼ねることが~~できない~~。

できる

ここも押さえる

- 現場代理人は、契約の履行に関し、工事現場に常駐し、その運営、取締りを行うほか、**請負代金額**の変更、請負代金の**請求**及び**受領**、契約の**解除**などに係る権限を**除き**、受注者の一切の権限を行使することができる。

99

発注者が完成検査を行う際に、必要と認められる理由を受注者に通知して、工事目的物を最小限度破壊して検査する場合、検査又は復旧に直接要する費用は~~発注者~~の負担となる。

➘ **受注者**

ここも押さえる

- 発注者は、完成通知を受けたときは、通知を受けた日から **14 日以内**に完成検査を完了し、検査結果を受注者に通知しなければならない。

100

発注者は完成検査合格後、受注者から請負代金の支払い請求があったときは、請求を受けた日から ~~30~~ 日以内に請負代金を支払わなければならない。

↓ **40**

ここも押さえる

- 発注者は、受注者が工期内に工事を完成させることができないとき、これによって生じた**損害の賠償**を受注者に対して請求することが**できる。**

101

発注者が設計図書を変更し、請負代金額が~~3分の1~~以上減少した場合、受注者は直ちに契約を解除することができる。

➘ **3 分の 2**

ここも押さえる

- 設計図書の表示が明確でない場合は、受注者は、その旨を直ちに**監督員に通知**し、その確認を**請求しなければならない。**

第2部　過去問編

こんなひっかけ問題に注意！

【施工管理法】

01

一般に、工事原価とは共通仮設費と直接工事費のみを合わせた費用であり、現場従業員人件費などの現場管理費は、一般管理費に~~含まれる~~。

含まれない

ここも押さえる

- 現場従業員の給与等の現場管理費（現場経費）は、一般管理費ではなく、**工事原価**に含まれる。
- 工事原価とは共通仮設費と直接工事費に**現場管理費**を合わせた費用である。

02

労務費、材料費、仮設費などの直接費が最小となる経済的な施工速度を~~臨界速度~~といい、このときの工期を~~最小工期~~という。

経済速度　　**最適工期**

ここも押さえる

- 施工速度を速くしすぎると、残業代や、割高材料の使用等で費用が**増加**する。

03

クリティカルパスに次ぐ重要な経路で、工事の日程を短縮した場合、クリティカルパスになりやすい経路を~~インターフェアリングフロート~~という。

↓

リミットパス

ここも押さえる

- インターフェアリングフロートとは、**ディペンデントフロート**ともいい、トータルフロート（最大余裕時間）のうちフリーフロート（自由余裕時間）以外の部分のフロート（余裕時間）をいう。

04

工事費が最小となる最も経済的な工期を最適工期といい、このときの施工速度を~~採算速度~~という。

↓

経済速度

ここも押さえる

- 採算速度とは、損失より**利益**が上回り採算が取れる施工速度をいう。
- 経済速度とは、総工事費が**最小**となる最も経済的な施工速度をいう。

05

~~パレート~~図は、データをプロットした点を直線で結んだ折れ線グラフと管理限界線からなり、データの時間的変化や異常なばらつきがわかる。

↘

管理図

ここも押さえる

- パレート図とは、不良項目を大きい順に並べた**棒グラフ**と不良件数を累積した**折れ線グラフ**で示した図である。
- パレート図では、各不良項目の発生件数の**順位**がわかる。

06

~~管理図~~では、問題としている特性とその要因の関係が体系的に分かる。

→ **特性要因図**

ここも押さえる

- 問題としている特性とその要因の関係が体系的に分かるように「**魚の骨**」状に表したものを、特性要因図という。**管理図**は、データの時間的変化が分かるように、データを時系列に並べてプロットした折れ線グラフで表したものである。

07

~~安全衛生責任者~~は、関係請負人が行う労働者の安全のための教育に対する指導及び援助を行う措置を講じなければならない。

→ **特定元方事業者**

ここも押さえる

- 統括安全衛生責任者を選任すべき事業者以外の請負人で、仕事を自ら行うものは、**安全衛生責任者**を選任しなければならない。

08

作業床の高さが 10m 以上の高所作業車の運転（道路上を走行させる運転を除く）業務は、事業者が行う当該業務に関わる~~特別の教育~~を修了した者に行わせなければならない。

↓ **技能講習**

ここも押さえる

- 作業床の高さが **10m 未満**の高所作業車の運転は、事業者が行う**特別の教育**を受けた者に行わせなければならない。

09

ツールボックスミーティングは、職場安全会議ともいい、作業関係者が作業~~終了後~~に集まり、その日の作業、安全等について、再確認等を行う活動である。

➘ **開始前**

ここも押さえる

- ツールボックスミーティングは、危険予知活動の一環として、作業関係者が行う短時間のミーティングで、その日の作業**開始前**に行う。作業が長期間継続する場合であっても、その日の作業開始前に行われる。

10

重大災害とは、一時に３人以上の労働者が業務上死亡した災害をいい、労働者が負傷又はり病した災害は~~含まない~~。

⬇ **含まれる**

ここも押さえる

- ハインリッヒの法則によれば、１つの重大災害発生の過程には**数十件**の軽度の事故と**数百件**のヒヤリハットの発生がある。

11

導電体に囲まれた著しく狭隘な場所で、交流アーク溶接等の作業を行うときは、自動溶接の場合を除き、交流アーク溶接機用自動電撃防止装置は~~使用しない~~。

➘ **使用しなければならない**

ここも押さえる

- 交流アーク溶接機の**自動電撃防止装置**は、その日の使用を開始する前に、作動状態を点検しなければならない。

12

建設工事に伴う公衆災害とは、工事関係者~~及び~~第三者の生命、身体及び財産に関する危害並びに迷惑をいう。

↓

を除いた

ここも押さえる

- 工事関係者の生命、身体及び財産に関する危害は、**労働災害**である。

13

年千人率は、重大災害発生の頻度を示すもので、労働者 1,000 人当たりの 1 年間に発生した~~死者数~~である。

↓

死傷者数

ここも押さえる

- 重大災害とは、一時に**3人以上**の労働者が業務上死傷又はり病した災害をいう。

14

試運転調整時、ポンプは、吐出し側の弁を~~全開~~にして起動し、徐々に弁を~~閉じて~~、規定の水量になるように調整する。

↘ **開いて**

↓ **全閉**

ここも押さえる

- 試運転調整時、排水ポンプは、排水槽の満水警報の発報により**2台同時運転**することを確認する。

15

ボイラーの単体試運転調整では、煙道ダンパーを開き、炉内ガスを排出し、蒸気ボイラーの場合は、主蒸気弁を~~開く~~。

↓

閉じる

ここも押さえる

- ボイラーの試運転では、ボイラーを運転する前に、ボイラー給水ポンプ、オイルポンプ、給気ファン等の**単体運転**を行って、正常性の確認を行う。

16

~~ポリスチレンフォーム保温筒~~は、保温筒１本につき鉄線を２か所以上巻き締める。

↓

グラスウール保温筒

ここも押さえる

- ポリスチレンフォーム保温筒は、鉄線を巻き付けると、鉄線が食い込んで変形・損傷するおそれがあるので、**粘着テープ貼り**とする。

17

立て管の外装用テープは、ずれを少なくするために、一般的に、立て管の~~上方より下向き~~に巻き進める。

↓

下方より上向き

ここも押さえる

- テープ巻きその他の重なり幅は、原則として、**テープ**状の場合は**15mm 以上**（ポリエチレンフィルムの場合は**1/2** 重ね以上）、その他の場合は **30mm 以上**とする。

18

送風機の振動を直接ダクトに伝えないために、~~伸縮継手~~を使用する。

↓

たわみ継手

ここも押さえる

- 伸縮継手は、熱による配管の軸方向の**変位吸収**のために使用される。

19

配管用炭素鋼鋼管（白管）の管内の水の性状について管の腐食速度が増大する要因として、pH の値が中性域よりも~~高~~pH 側ということがある。

↓

低

ここも押さえる

- 水中における炭素鋼の腐食は、強酸領域である pH**4** 以下になると顕著になる。

20

あと施工のアンカーボルトにおいては、下向き取付けの場合、金属拡張アンカーに比べて、接着系アンカーの許容引抜き力は~~小さい~~。

↓

大きい

ここも押さえる

- 接着系あと施工アンカーは、施工時の接着樹脂の垂れ、長期荷重により強度低下が想定されるので、上向き施工に**使用してはならない。**

21

大型ボイラーをコンクリート基礎に据え付ける場合、ボイラーは、基礎のコンクリートを打設後、5 日が経過してから据え付ける。

↓

10

ここも押さえる

- あと施工アンカーボルトは、基礎コンクリートの強度が、規定**以上**であることを確認してから打設する。

22

呼び番号３の送風機の設置において、4 方向に振れ止めを設ける場合、天井から吊りボルトにより~~吊り下げてよい~~。

↓

吊り下げてはならない

ここも押さえる

- 振れ止めの斜材を入れた吊りボルトで据え付けることができるのは、呼び番号 **2 未満**の送風機である。
- 呼び番号２以上の送風機は形鋼で組んだ**架台上**に据え付ける必要がある。

23

呼び径 65A 以下の排水管は、床からの高さが 2m 以内の場合、~~共吊りしてもよい~~。

↘

共吊りしてはならない

ここも押さえる

- 配管からさらに配管を吊る**共吊り**は、吊もとの配管に荷重がかかるので**行ってはならない。**

24

冷温水横走り配管の径違い管を偏心レジューサーで接続する場合、管内の~~下~~面に段差ができないように接続する。

↓

上

ここも押さえる

- 冷温水横走り配管の径違い管を偏心レジューサーで接続する場合、空気が滞留しないように**上**端を水平にする。

25

空気調和機への冷温水量を調整する混合型電動三方弁は、一般的に、空調機コイルへの~~往き~~管に設ける。

↓

還り

ここも押さえる

- 空気調和機の冷温水配管は、コイル内の空気が抜けやすいように、冷温水がコイル下部より**流入**し、コイル上部より**流出**するようにする。

26

風量調整ダンパーの取付け位置は、エルボ部よりダクト幅の~~2倍程度~~離れた直線部分とする。

↓

8倍以上

ここも押さえる

- 給気ダクトに消音エルボを使用する場合、風量調整ダンパーの取付け位置は、消音エルボの**上流**側とする。

27

共板フランジ工法のフランジ押さえ金具（クリップなど）の取付けは、ダクト寸法にかかわらず、四隅のボルトの間に ~~1か所とする~~。

↓

複数個設ける必要がある

ここも押さえる

- 共板フランジ工法ダクトに使用するガスケットは、アングルフランジ工法ダクトに使用するガスケットより**厚い**ものを使用する。

28

シーリングディフューザー形吹出口は、最~~大~~拡散半径が重ならないように配置する。

↓

小

ここも押さえる

- シーリングディフューザー形吹出口は、吹出し気流の残風速が 0.5m/s 以下となる区域の半径である最**小**拡散半径が**重ならない**ように配置し、吹出し気流の残風速が 0.25m/s 以下の区域の半径である最**大**拡散半径が**重なる**ように配置する。

29

送風機の吐出し口直後に風量調節ダンパーを取り付ける場合、風量調節ダンパーの軸が送風機の羽根車の軸に対し~~平行~~となるようにする。

↓

垂直

ここも押さえる

- 送風機の吐出し口直後に**エルボ**を取り付ける場合、吐出し口からエルボまでのダクトの長さは、送風機の羽根車の径の **1.5 倍以上**とする。

第2部　過去問編

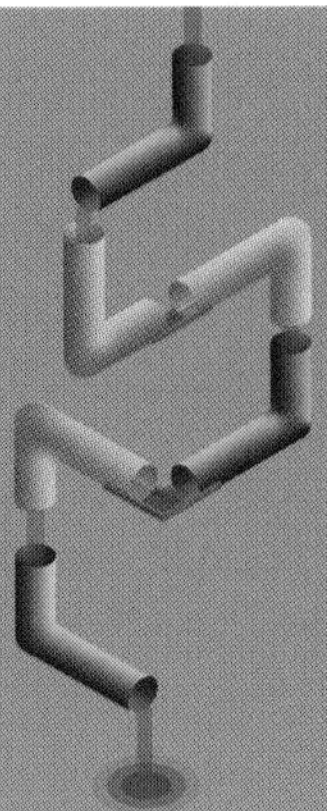

こんなひっかけ問題に注意！

【法規】

01

統括安全衛生責任者を選任すべき事業者以外の請負人で、仕事を自ら行うものは、~~総括安全衛生管理者~~を選任しなければならない。

↓

安全衛生責任者

ここも押さえる

- 統括安全衛生責任者が統括管理しなければならない事項には、**協議組織**の**設置**及び**運営**、作業間の**連絡**及び**調整**等がある。

02

特定元方事業者は、選任した統括安全衛生責任者に、~~安全管理者、衛生管理者等~~を指揮させなければならない。

↓

元方安全衛生管理者

ここも押さえる

- 特定元方事業者は、**関係請負人**が行う労働者の安全のための教育に対する**指導**及び**援助**を行う措置を講じなければならない。

03

常時 ~~5~~ 人以上の労働者を使用する使用者は、就業規則を作成して行政官庁に届け出なければならない。

↓

10

ここも押さえる

- 使用者は、労働者が業務上負傷し、労働することができないために賃金を受けない場合、労働者の療養中、平均賃金の **100 分の 60 以上**の休業補償を行わなければならない。

04

使用者は、満 ~~20~~ 歳に満たない者を使用する場合、その年齢を証明する戸籍証明書を事業場に備え付けなければならない。

↓

18

ここも押さえる

- 使用者は、**満 18 歳**に満たない者を、**最大積載荷重 2t 以上**の人荷共用のエレベーターの運転業務に就かせてはならない。

05

使用者は、その雇入れの日から起算して 6 箇月間継続勤務し、全労働日の ~~7~~ 割以上出勤した労働者に対して、原則として、10 労働日の有給休暇を与えなければならない。

↘ 8

ここも押さえる

- 使用者は、労働者に、休憩時間を除き 1 週間について **40 時間**を超えて、労働させてはならない。

06

事業者は、つり上げ荷重が５トン未満の移動式クレーンの運転（道路上を走行させる運転を除く。）の業務を作業員にさせる場合は、当該業務に関する安全又は衛生のための特別の教育を行わなければならない。

1

ここも押さえる

- つり上げ荷重が**１トン**未満の移動式クレーンの玉掛けの業務も、特別の教育を行わなければならない。

07

主任技術者及び監理技術者は、~~当該建設工事の請負代金の管理、及び~~施工に従事する者の技術上の指導監督の職務を誠実に行わなければならない。

×

ここも押さえる

- 主任技術者及び監理技術者の職務に、当該建設工事の請負代金の管理は**規定されていない。**

08

地階とは、床が地盤面下にある階で、床面から地盤面までの高さがその階の天井の高さの ~~2/3~~ 以上のものをいう。

1/3

ここも押さえる

- 地階を除く階数が**３以上**である建築物に設ける冷房設備等のダクトは、屋外に面する部分その他防火上支障がないものを除き、不燃材料で造らなければならない。

09

屋上部分に設けた機械室や地階の倉庫、機械室等で、水平投影面積の合計が建築物の建築面積の ~~1/6~~ 以下のものは、階数に算入しない。

↓

1/8

ここも押さえる

- 水平投影面積の合計が、当該建築物の建築面積の **1/8 以下**であっても、地階の居室や会議室の場合は、**階数に算入される。**

10

建築物の階段は主要構造部で~~はない~~。

↓

ある

ここも押さえる

- 主要構造部とは、壁、柱、床、はり、屋根又は**階段**をいう。
- 間仕切壁、間柱、付け柱、揚げ床、**最下階の床**、回り舞台の床、小ばり、ひさし、局部的な小階段、屋外階段その他これらに類する建築物の部分は**主要構造部ではない。**

11

空気調和設備の風道が防火区画を貫通する部分に設ける防火ダンパーと防火区画の間の鉄板の厚さは ~~1.0~~mm 以上としなければならない。

↓

1.5

ここも押さえる

- 給水管が防火区画を貫通する場合、貫通する部分及び貫通する部分からそれぞれ両側 **1m 以内**の距離にある部分を不燃材料で造る。

12

排水槽の底の勾配は、吸い込みピットに向かって ~~1/10 以上 1/5 以下~~としなければならない。

↓

1/15 以上 1/10 以下

ここも押さえる

- ポンプの吸込み管は、**ポンプに向かって** 1/50 から 1/100 の**上り勾配**とする。
- 強制循環式の下向き給湯配管では、給湯管、返湯管とも先下がりとし、勾配は **1/200 以上**とする。

13

排水トラップの封水深は、阻集器を兼ねる排水トラップの場合を除き、5cm 以上 ~~15~~cm 以下としなければならない。

↓

10

ここも押さえる

- 器具排水口からトラップのウェアまでの垂直距離は、**600mm 以下**とする。

14

劇場の舞台に設けるスプリンクラーヘッドは、~~閉鎖~~型としなければならない。

↓

開放

ここも押さえる

- 加圧送水装置には、スプリンクラーヘッドにおける放水圧力が **1MPa** を超えない措置を講じる。

15

屋内消火栓設備の加圧送水装置に用いるポンプは、消火栓箱の直近に設けられた操作部からの遠隔操作による停止が~~できる~~ものとする。

↓

できない

ここも押さえる

- 加圧送水装置は、**直接操作**によってのみ停止されるものとする。
- 加圧送水装置には、当該屋内消火栓設備のノズルの先端における放水圧力が **0.7MPa** を**超えない**ための措置を講じることとされている。

16

加圧送水装置に用いるポンプには、その~~吐出~~側に連成計を設ける。

↓

吸込

ここも押さえる

- 連成計とは、大気圧以上の圧力と大気圧以下の圧力を計測できる圧力計で、大気圧以下の圧力になる可能性のあるポンプの**吸込**側に設ける必要がある。

17

対象建設工事の~~元請業者~~は、工事着手の時期及び工程の概要、分別解体等の計画等の事項を都道府県知事に届け出なければならない。

↓

発注者又は自主施工者

ここも押さえる

- 特定建設作業を伴う建設工事を施工しようとする者は、特定建設作業の場所及び実施の期間等の事項を**市町村長**に届け出なければならない。

18

特定建設資材を用いた建築物の解体工事で、当該解体工事に係る部分の床面積の合計が ~~100~~m^2 未満の場合は、分別解体をしなくてもよい。

↓ 80

ここも押さえる

- 分別解体等に伴って生じた特定建設資材廃棄物である木材については、工事現場から **50km 以内**に再資源化をするための施設がない場合、再資源化に代えて縮減をすれば足りる。

19

産業廃棄物の処分を業として行おうとする者は、都道府県知事から産業廃棄物処分業者の許可を受けることにより、産業廃棄物の運搬及び処分を一括して受託することが~~できる~~。

↘ できない

ここも押さえる

- 運搬受託者は、産業廃棄物の運搬を終了した日から **10 日以内**に産業廃棄物管理票（マニフェスト）の写しを管理票交付者に送付しなければならない。

20

指定地域内において、特定建設作業の騒音は、当該特定建設作業の場所において連続して 5 日を超えて行われる特定建設作業に伴って発生するものであってはならない。

↘ 6

ここも押さえる

- 建設作業として行われる作業のうち、著しい騒音を発生する作業であっても、当該作業がその作業を**開始した日に終わる**ものは、特定建設作業に**該当しない**。

さくいん

本書に関する正誤情報等は、下記のアドレスでご確認ください。
http://www.s-henshu.info/1kkssr2401/

上記掲載以外の箇所で正誤についてお気づきの場合は、**書名・発行日・質問事項**（**該当ページ・行数・問題番号**などと**誤りだと思う理由**）・**氏名・連絡先**を明記のうえ、お問い合わせください。
・web からのお問い合わせ：上記アドレス内【正誤情報】へ
・郵便または FAX でのお問い合わせ：下記住所または FAX 番号へ
※電話でのお問い合わせはお受けできません。

［宛先］ コンデックス情報研究所
『スピード攻略！ 1級管工事施工管理技術検定 集中レッスン』係
住　　所：〒 359-0042　所沢市並木 3-1-9
FAX 番号：04-2995-4362 （10:00 ～ 17:00　土日祝日を除く）

※本書の正誤以外に関するご質問にはお答えいたしかねます。また受検指導などは行っておりません。
※ご質問の受付期限は、各試験日の 10 日前必着といたします。
※回答日時の指定はできません。また、ご質問の内容によっては回答まで 10 日前後お時間をいただく場合があります。
あらかじめご了承ください。

■編著：コンデックス情報研究所
1990 年 6 月設立。法律・福祉・技術・教育分野において、書籍の企画・執筆・編集、大学および通信教育機関との共同教材開発を行っている研究者・実務家・編集者のグループ。
■イラスト：ひらのんさ

スピード攻略！ 1級管工事施工管理技術検定 集中レッスン

2024年 4 月20日発行

編　著　コンデックス情《じょう》報《ほう》研《けん》究《きゅう》所《しょ》

発行者　深見公子

発行所　成美堂出版
〒162-8445　東京都新宿区新小川町1-7
電話(03)5206-8151　FAX(03)5206-8159

印　刷　大盛印刷株式会社

ISBN978-4-415-23827-2
落丁·乱丁などの不良本はお取り替えします
定価はカバーに表示してあります